기초

전기전자회로실험

4판

정동규 지음

GS인터비전

머리말

전기전자 분야에서 회로에 대한 기초이론을 중요시 하여야 한다는 것은 지극히 당연한 말이다. 이러한 중요성을 고려할 때 전기전자 기초회로 실험에 대한 중요성도 함께 강조되어야 할 것이다. 본 실험교재는 전기전자 분야의 기본 이론과 기초회로의 실험을 강조하는 차원에서 출판하게 되었다.

초판 발행 이후 두 번의 개정판을 출판하였으며 이번에 또 다시 4판의 개정판을 출판한데에는 두 가지의 주된 이유가 있다. 첫 번째는 저자의 부족함으로 인해 3판까지의 책에서 독자들이 느낄 수 있는 불편한 점을 개선시키고자 일부의 표현이나 오류를 수정 혹은 보완하기 위함이며, 두 번째는 급속히 발전하는 전기전자 분야의 특성상 기초 회로 부분으로 분류되는 내용이 확대되거나 새로이 등장하였기 때문이다.

본 교재(4판)의 내용 분량은 수업 기간을 기준으로 주당 4시간 배정을 고려하여 1학기 강의를 목표로 하였으며, 필요에 따라 약간의 수업기간이 더 필요할 것으로 생각한다.

한편 본 개정판의 주요 수정, 보완 부분은 크게 2가지 관점에서 이루어졌는데, 첫 번째는 기존의 3판까지는 크게 2개 부분(part 1, part 2)으로 이루어진 것을 본 개정판에서는 배우는 학생들의 관점에서 3개 부분(part 1, part 2, part 3)으로 구성하였다는 점이다. Part 1은 회로실험에 필요한 기초 재료나 장비와 수동회로소자의 용량을 익히는 실험으로, part 2에서는 전기전자회로에 필요한 기본 이론이나 법칙을 다루는 실험으로, 그리고 part 3에서는 전기전자공학에 필요한 아주 기본이 되는 회로나 소자들의 전기적 특성을 주로 다루는 실험으로 구성되었다. 학습 분위기나 실험기간을 고려하여 part 1 부분은 생략하고 바로 part 2의 실험으로 들어갈 수 있는데 이는 강의하시는 분들께서 판단하여 결정하시면 될 것으로 생각합니다. 두 번째 관점은 수강자들의 편의와 학습내용의 확장을 위해 일부 실험의 내용을 보완하고 또 다른 일부 실험은 새로이 추가되었다는 점이다.

비슷한 내용으로 다시 개정판을 서둘러 출판한다는 비판의 소지가 있을 수 있는데 독자 여러분들에게 조금이라도 편리함과 도움을 줄 수 있기를 희망하는 마음에서 이루어졌다는 점을 이해해 주시기를 바랍니다. 아울러 향후에도 이 책을 다루는 여러분들께서 부족한 점이나 보완할 점이 있으면 끊임없는 조언을 부탁드리며, 또한 이 책을 출판하는데 많은 도움을 주신 여러분과 출판사 직원 분들께 고마움을 표합니다.

2014년 8월

저자 정동규

차례

내용

- 기판과 브레드보드 사용법 및 납땜 방법
- 수동 회로소자 용량
- 기본 실험장비 사용법

실험재료 및 장비 사용법

1

PART

실험 1. PCB 기판과 브레드보드 사용법 및 납땜 방법

목적

- ✓ 전기, 전자 회로를 구성할 때 많이 사용되는 PCB기판과 브레드보드에 대한 사용법을 익히고자 한다.
- ✓ 납땜방법을 익히고자 한다.

1.1 관련이론

1) PCB기판 사용법

PCB기판은 전기, 전자 회로를 구성할 때 주로 사용되는 재료이다. PCB기판은 일반적으로 두 가지 형태가 있는데, 첫 번째 형태는 [그림 1.1]과 같이 단순히 리드선과 부품의 연결용 다리를 납땜할 수 있는 홈만으로 구성되어 있는 것이며, 두 번째 형태는 [그림 1.2]와 같이 납땜을 위한 홈들과 그 주위에 직선 형태로 깔려 있는 도선으로 구성되어 있는 것이다.

가로와 세로 방향으로 일정한 간격을 갖는 홈만으로 구성된 [그림 1.1]의 단순형 PCB기판은 회로구성을 사용자가 임의의 방향으로 할 수 있으며 가격이 싼 장점이 있으나, 전원선과 접지선을 배선하기 위해서는 이들을 PCB기판 위에 별도로 설계해야 하는 불편이 있다.

단순형 PCB기판을 사용하여 복잡한 회로를 구성하는 경우에는 전원과 접지선의 구별이 어려우며, 이들을 구별하기 위해서는 리드선을 이용하여 전원이나 접지선을 기판 주위로 만들어 주는 것도 효율적인 회로설계의 한 가지 방법이다.

한편 임의의 지점에서 전원과 접지를 편리하게 이용할 수 있는 [그림 1.2]와 같은 PCB기판은 회로구성이 편리한 장점이 있으나, 가격이 비싼 것이 단점이다. 전원과 접지가 미리 만들어진 [그림 1.2]와 같은 PCB기판을 사용하여 회로를 구성하는 경우 한 가지 조심하여야 한다. 즉 화살표가 가리키는 부위의 전원 혹은 접지를 회로의 다른 부분과 연결하고자 할 때는 접지와 전원이 바로 인접하여 있으므로 단락 현상이 일어나지 않도록 주의를 하여야 한다.

그림 1.1 단순형 PCB 기판의 예

일반적으로 [그림 1.2]의 아래쪽에 있는 두 개의 사각형 중 한쪽 사각형에서 화살표가 가리키는 부분을 전원(혹은 접지)으로 사용하는 경우 다른 한 쪽 사각형에서 화살표가 가리키는 부분은 접지선(혹은 전원)으로 사용하면 편리하다. 예로서 [그림 1.2]의 A영역에서 회로를 구성하고자 할 때 전원을 왼쪽 가장자리 도선과 연결된 도선 부분으로 설정하고, 접지를 오른쪽 가장자리 도선과 연결된 도선 부분으로 설정한다고 가정하자. 이 경우는 A영역의 아래쪽에서 전원을 이끌어 오는 것보다 이 영역의 위쪽 부위에서 끌어오는 것이 편리하다. 접지의 경우에는 전원의 반대 영역에서 이용하는 것이 안전하다. 물론 전원과 접지 부분 전체를 바꾸어 사용하여도 무방하다. 즉 A영역에서 사용되는 회로 부분에 전원을 공급하고자 할 때는 A영역의 위쪽에서 전원을 이용하는 경우 접지는 아래쪽을 이용하는 것이 안전하다.

우리가 사용하는 전원과 접지는 이상적 전원이나 접지가 아니므로 이들을 어떻게 구성해 주느냐는 회로의 설계, 제작에 중요한 역할을 한다. 특히 주파수가 높아질수록 전원과 접지는 전체 회로 구성과 성능에 많은 영향을 준다. 그리고 단순형 PCB기판으로 회로를 설계할 때는 우선적으로 전원과 접지에 대한 고려가 이루어져야 한다[부록 I].

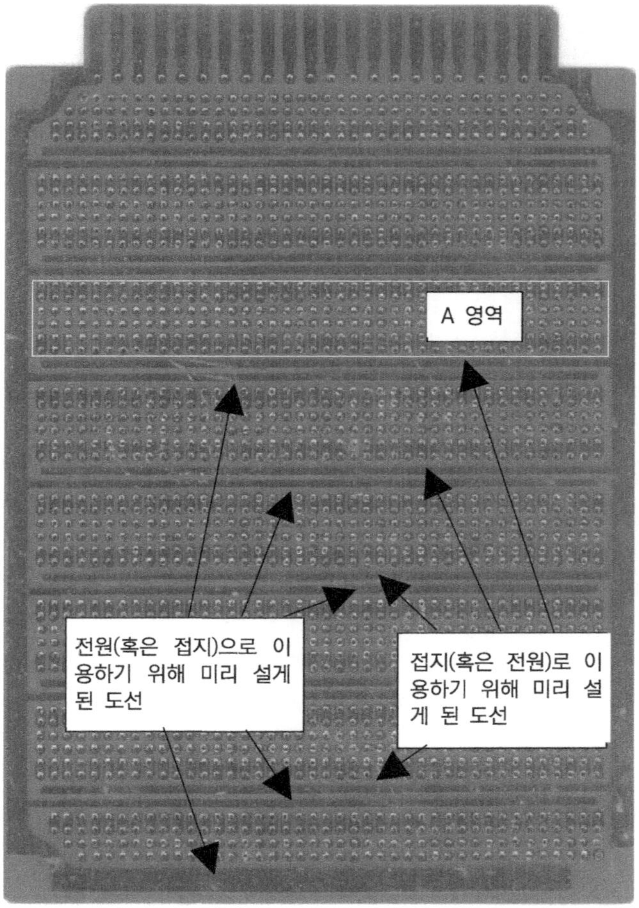

그림 1.2 전원선과 접지선이 만들어진 PCB 기판의 예

2) 브레드보드 사용법

브레드보드(일명 프로젝트보드)는 일반적으로 회로를 설계, 제작하기 전에 모의실험을 위해 주로 사용되어진다. 브레드보드를 사용하여 실험을 수행하는 경우에는 회로의 한 부분에서 다른 부분으로 도선을 연결하기 위한 납땜의 필요성이 요구되지 않는다. 대신 특정 부분을 다른 부분과 연결하기 위해 리드선의 양끝을 연결하고자 하는 부위의 홈에 넣어 줌으로서 연결이 완성된다. [그림 1.3]은 브레드보드(WISH 206)의 예를 보여 준다.

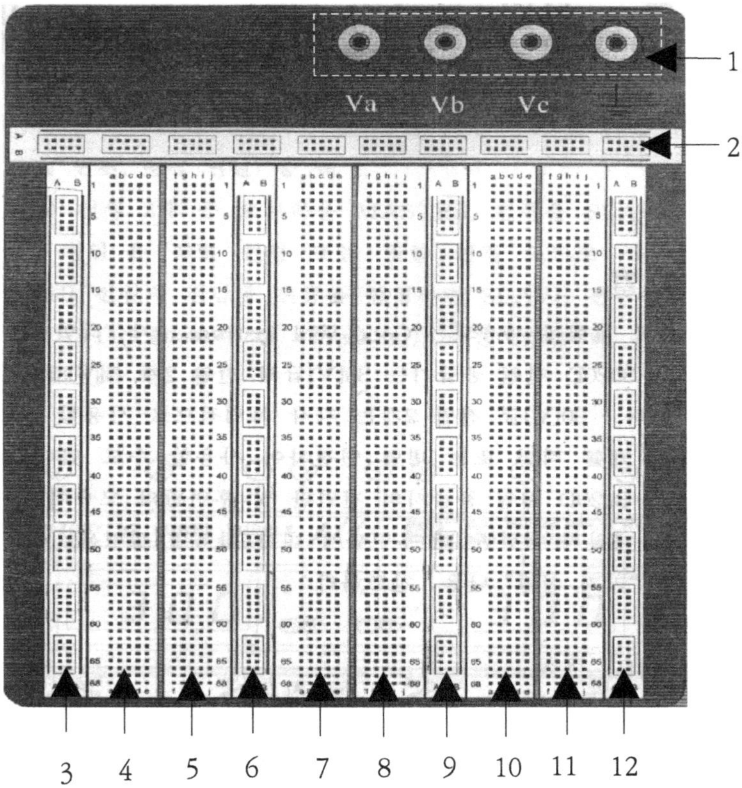

그림 1.3 브레드보드(프로젝트보드)의 예

[그림 1.3]은 실제의 크기보다 축소된 것이다. 이 브레드보드의 실제 크기는 가로 17.5 cm, 세로 23 cm이다. 이 보드는 크게 오른쪽 맨 위에 있는 전원 및 접지로 사용되는 단자 1번 부분, 두 줄이 나란히 가로 방향으로 놓인 2번의 연결선(통로) 부분, 그리고 중앙의 3번에서 12번까지를 포함하는 메인보드(main board) 부분으로 구성되어 있다.

통상적으로 오른쪽 맨 위에 있는 4개의 단자 부분 중 V_a, V_b, V_c는 전원과 연결부분으로 사용되며 마지막 단자(표시가 없는 홈)는 접지와 연결부분으로 사용된다. 물론 임의로 사용하여도 가능하나 회로에서는 일반적으로 이러한 관행을 따르는 것이 편리하고 안전하다. 이 4개의 단자는 외부 전원을 보드로 연결하는 관문 역할을 한다. 즉 보드에서 사용되는 전원은 모두 이 단자들을 통해 외부로부터 유입되도록 설계하면 편리하다.

2번 블록은 1번 부분과 메인보드 부분을 연결시켜 주는 통로 역할을 하는데, 이는 가로 방향으로 A와 B의 2 라인으로 구성되어 있다. A라인에 있는 각 홈들은 모두 보드 밑에서 도선으로 연결되어 있으며, 또한 B라인에 있는 각 홈들도 보드 밑에서 모두 도선으로 연결되어 있다. 또한 아래의 메인보드에 있는 3번, 6번, 9번, 12번의 블록도 각각 세로 방향으로 도선에 의해 연결되어 있다. 즉 이들 블록의 각각에서 세로 방향으로 A라인 위에 있는 홈들은 보드 밑에서 모두 도선으로 연결되어 있으며, 또한 B라인 위에 있는 홈들도 보드 밑에서 모두 도선으로 연결되어 있다.

4번, 5번, 7번, 8번, 10번, 11번 블록은 회로를 구성하기 위해 만들어 놓은 홈들로 구성되어 있다. 각 블록의 홈들은 다른 블록의 홈들과는 연결이 되어 있지 않다. 각 블록에서 가로 방향의 동일 라인에 있는 5개의 홈들은 보드 밑에서 도선으로 연결되어 있으나, 같은 블록에 있는 홈들이더라도 세로 방향으로는 보드 밑에서 서로 개방되어 있다. 그러므로 이 점을 유의하여 회로 구성 시에 회로간의 단락이나 개방 상태를 고려하여야 한다.

3) 납땜방법

납땜용으로 사용되는 땜납은 주로 주석과 아연의 합금이다. 납땜을 위해서는 우선 땜납의 성분과 특성을 살펴볼 필요가 있다. 따라서 먼저 땜납의 성분과 온도 특성을 살펴본 다음 납땜 방법을 익히도록 하자.

3-1) 땜납

땜납의 대부분은 합금으로 되어 있으나 용도에 따라 단일 금속도 쓰인다. 땜납은 모재보다 용융점이 낮고 표면 장력이 적어 모재 표면에 잘 퍼진다. 그러므로 땜납은 유동성이 좋고 빈틈이 잘 메워질 수 있는 재질을 사용한다. 이 밖에도 사용목적에 따라 땜납은 강인성, 내식성, 내마멸성, 전기 전도도, 색채 조화 등이 반영된 재질을 사용하기도 한다.

납땜은 전기, 전자 회로를 구성하는데 가장 기본적인 작업 중의 하나이다. 이것은 회로 위의 특정 부분을 고정시키거나 다른 부분들과 연결하는데 이용되므로, 이 작업이 잘 이루어졌느냐 그러하지 못하느냐는 회로의 동작과 내구성에 큰 영향을 미친다.

주석과 아연은 각각 231℃와 419℃에서 녹는데, 이들의 배합비율에 따라 땜납이 녹는 온도가 달라질 수 있다. 일반적으로 전기, 전자 회로에 많이 사용되는 땜납은 주석과 아연의 비율이 6:4로 배합된 형태의 합금이다.

그림 1.4 0.8mm 직경을 갖는 땜납의 예

땜납에 포함되어 있는 불순물로는 안티몬(Sb), 구리(Cu), 비스무트(Bi), 알루미늄(Al), 비소(As) 등이며 이들 불순물은 그 함유량에 따라 등급이 달라진다. 불순물이 가장 적은 것을 S급, 그 다음 순으로 A급, B급 등의 순으로 분류된다.

땜납의 모양이 실처럼 되어 있는 실납의 경우 직경이 약 0.8 ~ 3 mm 정도이며 중앙에 구멍이 나 있다. 이 구멍 속에 활성수지인 송진 및 플락스가 들어 있는데, 이는 실납이 가열해지면 납이 녹기 전에 먼저 녹아 버린다. 아래 [그림 1.4]는 0.8 mm의 직경을 갖는 땜납의 실제 예를 보여준 것이다.

송진과 플락스는 납보다 먼저 녹아서 접합한 금속의 산화 피막화된 표면을 깨끗하게 하며, 그 표면의 산화를 방지하여 준다.

3-2) 납땜

동판에 납땜을 할 때 납은 동판 위에 실리는 것처럼 보인다. 그러나 납땜이 이루어진 후 자세히 단면 위를 살펴보면 동판 속에 합금 층이 만들어짐을 관찰할 수 있다. 그러므로 납땜을 하면 동판과 땜납의 분자 간 결합이 이루어진다. 납땜을 할 때 일반적으로 다음과 같은 순서를 따른다.

❖ 납땜의 일반적 순서

- 실험에 필요한 재료와 공구를 준비한다.
- 중복 납땜하지 않도록 납땜할 부분을 청결하게 한다.
- 인두를 적당히 예열한다.

- 인두 끝으로 모재를 가볍게 누르며 기판을 가열한다.
- 납땜할 부분에 납을 대고 적당량의 납을 녹인다.
  : 납의 양이 약간 퍼졌을 때가 적당하다.
- 납이 빛나고 약간 퍼질 때까지 기다렸다가 인두를 뗀다.
  : 납땜한 곳에 납의 과잉부착이 되지 않도록 한다.
  : 인두 끝이 흔들리지 않도록 하여 마무리를 한다.

3-3) 열에 약한 부품의 납땜

열에 약한 다이오드, 트랜지스터, IC 등을 납땜할 때는 특별히 조심해야 한다. 열이 조금만 높아도 이들 소자는 손상될 수 있다. 이들 부품을 납땜할 때는 [그림 1.5]와 같이 핀셋이나 롱노우즈로 부품의 다리를 집고 납땜을 이행하여야 안전하다.

위의 예에서와 같이 납땜을 할 경우 열이 상당부분 핀셋 혹은 롱노느즈로 흡수되어 부품을 보호하게 된다.

열에 약한 IC를 납땜할 경우에는 미리 각 IC에 적합한 소켓으로 납땜하고 그 소켓에 IC를 꽂아 사용하는 것이 안전하다. [그림 1.6]은 IC 소켓과 이 소켓에 사용될 수 있는 IC의 예를 보여준다.

정밀 저항과 같은 부품은 약 80℃에서 저항 값의 변화가 일어날 수 있다. 트랜지스터는 약 80℃에서 불량화될 가능성이 높다. 콘덴서로는 전해콘덴서와 세라믹콘덴서 등도 열에 약하다.

납땜을 할 때 일반적인 주의 사항은 다음과 같다.

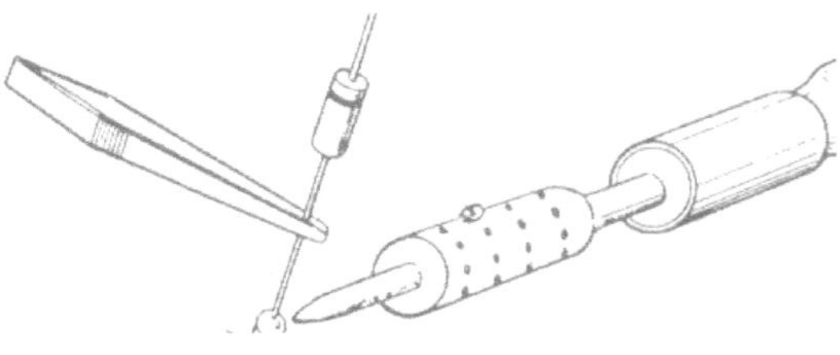

그림 1.5 열에 약한 부품의 납땜 기술

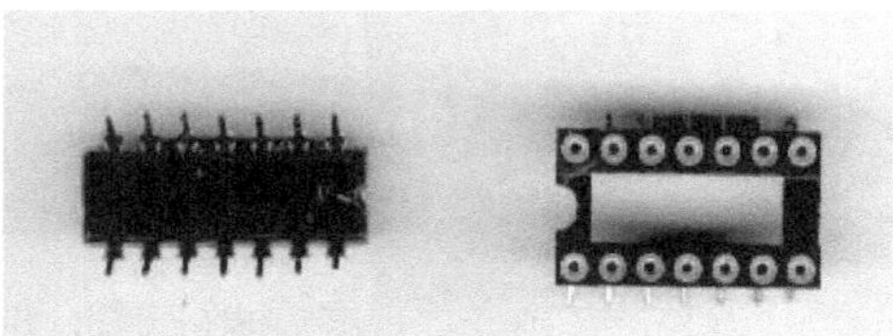

(a) (b)

그림 1.6 IC의 예와 여기에 적합한 IC소켓의 예: (a) IC의 예, (b) IC 소켓의 예

❖ 주의사항

- 인두가 가열되면 300℃ 이상의 온도가 됨으로 본인과 타인의 안전사고에 주의를 기울여야 한다. 가열된 인두는 납땜을 수행할 때를 제외하고는 항상 지정된 장소에 두어야 한다.
- 장시간 인두를 사용하지 않을 경우 인두의 과열 방지를 위해 전원에서 차단시킨다.
- 특별한 사항이 아니면 인두는 받침대를 사용하여 작업대나 기타 회로 부분에 손상을 주지 않도록 적절한 위치에 두어야 한다.
- 납이 과잉 혹은 과소 양으로 부착되지 않도록 한다.

1.2 실험준비

1) 실험기기 및 부품

- 납: 적당량
- 전기인두: 1대
- 용량이 다른 세 가지 종류 저항(저항 크기는 조교 선생님에 의해 확인): 각각 2개
- PCB보드 및 브레드보드: 각각 1대

2) 기타 실험준비

- 없음

1.3 실험방법

저항 값을 읽는 방법은 뒤의 '실험2'에 나와 있으니 여기에서는 모른다고 가정한다. 우선 조교 선생님의 지시에 따라 세 가지의 저항을 선택하여 이들 저항의 값을 미리 조교 선생님으로부터 부여 받는다. 그 후의 실험 절차는 다음과 같이 수행한다.

1) 납땜 방법 및 PCB보드 사용법

① 세 가지의 저항값을 [표 1.1]에 기록한다.

② 세 가지 저항을 [그림 1.7]과 같이 PCB보드에 납땜한다(직렬연결 구조).

③ 납땜을 수행한 결과를 디지털카메라 혹은 스마트폰 카메라로 촬영한 후 컴퓨터로 옮겨 [그림 1.8]에 붙인다. 단 여기에서는 멀티미터의 사용법을 아직 학습하지 않아 합성저항 크기는 측정하지 않는다.

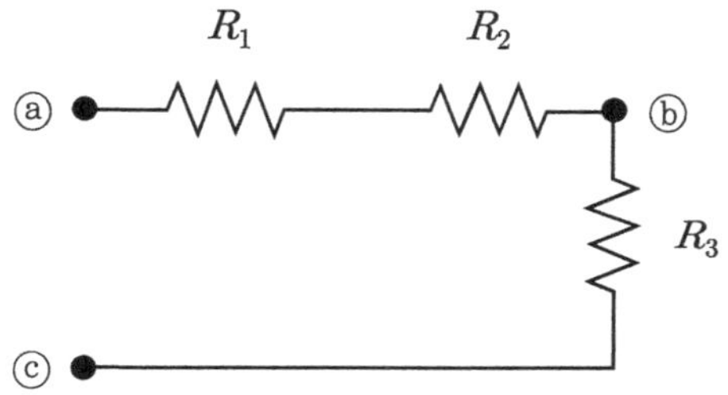

그림 1.7 PCB보드에서 납땜 실험을 위한 회로의 예

④ 납땜이 제대로 이루어졌는지 확인한다.

2) 브레드보드 사용법

① 세 가지 저항을 [그림 1.7]과 같이 구성되도록 브레드보드에서 연결한다.

② 브레드보드에서 연결된 회로를 디지털카메라 혹은 스마트폰 카메라로 촬영한 후 컴퓨터로 옮겨 [그림 1.9]에 붙인다.

③ 회로 연결이 브레드보드 위에서 정상적으로 이루어졌는지를 확인한다.

1.4 실험결과

표 1.1 납땜 방법 실험에 사용한 저항

	주어진 저항 값: R(kΩ)
저항 1	
저항 2	
저항 3	

그림 1.8 PCB보드에서 납땜 실험결과 사진

그림 1.9 브레드보드 사용에 대한 실험의 결과 사진

1.5 검토

납땜 연결과 브레드보드에 연결된 회로가 제대로 구성되었는지 살펴본다.

실험 2. 수동 회로소자의 용량

목적

✓ 저항, 콘덴서의 용량을 읽는 법을 익힌다.

2.1 관련이론

본 실험에서는 전기, 전자 회로에 많이 사용되는 수동 회로소자인 저항과 콘덴서의 용량을 각각 기록된 색깔과 숫자의 종류에 따라 읽는 방법을 읽히고, 읽혀진 값과 멀티미터(혹은 LCR 미터)에 의해 측정된 값을 비교하는 실험을 수행하고자 한다.

1) 저항

저항이란 전하의 흐름, 즉 전류를 억제하는 성질을 의미하며, 이러한 성질을 갖는 물질로 만들어진 전기전자 회로소자를 저항기라 말하는데, 저항기를 우리는 간단히 저항이라고도 말한다. 즉 저항이 크다는 것은 전하의 흐름을 억제하는 성질이 강하다는 뜻이다. 저항의 단위는 오옴(Ω: ohm)이다.

균일한 저항성을 갖는 물질로 구성된 저항의 크기는 단면의 넓이 S와 길이 L에 따라 달라진다. 즉 저항의 크기 R은 식 (2.1)과 같이 주어진다.

$$R = \rho \frac{L}{S} \quad \Omega \tag{2.1}$$

여기서 ρ는 물질의 고유저항률로 전기전도도 σ의 역수($1/\sigma$)이며[부록 G], 단위는 $\Omega \cdot m$이다. 이 저항률도 온도에 따라 변화하나 대표적인 물질들이 상온에서 가지는 고유저항률은 [표 2.1]과 같다.

표 2.1 상온에서 대표적인 물질의 고유저항률

물질명	저항률	물질명	저항률
은(Silver)	1.6×10^{-8}	페라이트(Typical Ferrite)	1.0×10^{-2}
구리(Copper)	1.7×10^{-8}	바닷물(See Water)	2.0×10^{-1}
금(Gold)	2.4×10^{-8}	실리콘(Silicon)	6.4×10^{2}
알루미늄(Aluminum)	5.6×10^{-8}	맑은 물(Fresh Water)	1.0×10^{3}
철(Iron)	1.0×10^{-7}	다이어몬드(Diamond)	5.0×10^{12}
게르마늄(Germanium)	4.5×10^{-1}	석영(Quartz)	1.0×10^{17}

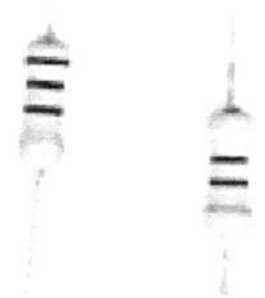

(a)

(b)

그림 2.1 실제 사용하고 있는 저항의 모양: (a) 고정저항의 예, (b) 가변저항의 예

저항의 크기, 즉 저항값의 고정여부에 따라, 저항은 값이 고정되어 있는 고정저항과 값을 변화시킬 수 있는 가변저항으로 나누어진다. [그림 2.1]은 실제 사용되고 있는 고정저항과 가변저항의 예를 보여준다. 그림 (a)는 고정저항 외형의 예를, (b)는 가변저항 외형의 예를 보여준다.

고정저항은 탄소주형, 탄소피막형, 권선형 등이 있으며, 가변저항은 탄소피막형과 권선형 등이 있다. 또한 허용전력의 크기에 따라 저항 값을 직접 표기해 놓은 것과 색깔의 종류로 저항의 크기를 표시해 놓은 것이 있다.

저항값을 [그림 2.1] (a)에서와 같이 색이 있는 띠로 표기하는 경우에 대해 알아보자.

[그림 2.1] (a)의 왼쪽을 기준으로 할 때 그림의 위쪽부터 순서대로 4가지 색깔이 있는데 이 색들에 대응되는 수를 각각 X, Y, Z, E 라 하자. 이 저항의 값은 식 (2.2)와 같이 주어진다.

$$R = XY\times10^{z} \pm E\% \quad \Omega \tag{2.2}$$

표 2.2 저항의 띠 색과 대응되는 고유의 수

색 이름	고유 수	색 이름	고유 수
흑색(black)	0	자색(violet)	7
갈색(brown)	1	회색(gray)	8
적색(red)	2	백색(white)	9
등색(orange)	3	금색(gold)	5%(오차)
황색(yellow)	4	은색(silver)	10%(오차)
녹색(green)	5	무색(.)	20%(오차)
청색(blue)	6	-	-

X, Y, Z, E는 [표 2.2]에 나타난 색깔에 따라 대응되는 고유 수(number)를 나타낸다. 예로써 어떤 저항의 띠 색깔이 각각 황색, 자색, 적색, 금색이라면, 이 저항의 값은 $R = 47 \times 10^2 \pm 5\% \ \ \Omega = 4.7 \pm 5\% \ \mathrm{k}\Omega$이 된다. 즉 이 저항은 4.7 ㏀에서 ±5%의 범위 안에 있는 값을 갖는다.

2) 콘덴서

콘덴서(커패시터)는 두 가지의 목적으로 사용되는 전기전자 회로소자이다. 첫 번째는 두 금속 단자들 사이의 전위차에 따라 전하를 저장시킬 목적으로 사용되며, 두번째는 직류전류를 차단하고 교류전류를 통과시키려는 목적으로 사용되는 회로소자이다. 즉 2개의 금속도체 사이에 유전체(혹은 유전물질)라 불리는 물질이 존재할 때 이 두 도체와 유전체를 하나의 전기소자로 취급하여 콘덴서라 한다. 콘덴서의 용량을 나타내는 기호는 보통 영어대문자 C로 나타내며, MKS 단위는 패럿 혹은 패러드(F: Farad)이다.

두 개의 평판도체 사이에 유전물질을 채우고 양쪽 도체에 전압 V를 인가하였을 때 여기에 축적될 수 있는 전하 Q는

표 2.3 대표적인 유전체에 대한 비유전율

물질이름	비유전율	물질이름	비유전율
진공(Free Space)	1.0000	종이(Paper)	3
공기(Air)	1.0005	고무(Rubber)	2.5 - 3
게르마늄(Germanium)	16	실리콘(Silicon)	11.8
얼음(Ice)	4.2	테프론(Teflon)	2.1
운모(Mica)	5.4	건조나무(Dry Wood)	2 - 6

$$Q = CV \quad \text{Coulomb} \tag{2.3}$$

이 된다. 전하의 단위는 C(Coulomb)이다. 이택릴체 C는 콘덴서의 용량을 나타낸다.

두 평판의 단면적이 S m^2이고, 두 평판 사이의 거리가 균일한 d 미터(m)를 갖는 콘덴서의 용량(커패시턴스) C는

$$C = \epsilon_0 \epsilon_r \frac{S}{d} \quad \text{Farad} \tag{2.4}$$

로 표시된다. 여기서 ϵ_0는 진공 중의 유전율을 나타내며 그 값은 8.854×10^{-12}이다. 그리고 ϵ_r은 두 평판도체 사이에 채워진 유전물질의 ϵ_0에 대한 비유전율을 나타낸다[부록H]. 대표적인 유전체에 대한 비유전율이 [표 2.3]에 나타나 있다.

콘덴서는 인가 전압의 극성 유무에 따라 유극성 콘덴서와 무극성 콘덴서로 나누어진다. 무극성 콘덴서에는 마일러 콘덴서, 페이퍼 콘덴서, 세라믹(티타콘) 콘덴서, 스티롤 콘덴서 등이 있으며, 유극성 콘덴서로는 전해콘덴서가 있다. 무극성 콘덴서는 교류용으로 사용되며, 유극성 콘덴서는 직류용으로 사용된다. 직류용은 일반적으로 용량이 크고 부피도 크다. [그림 2.2]는 유극성 콘덴서인 전해 콘덴서의 실제 외형을 보여 준다.

유극성 콘덴서는 몸체에 극성이 표기되어 있으며, 일반적으로 다리가 긴 쪽이 양(+)극에 해당되고 짧은 쪽이 음(-)극에 해당된다. 이러한 콘덴서는 보통 수 ㎌에서 수천 ㎌까지의 용량을 갖는다. 무극성 콘덴서로는 세라믹 콘덴서와 마일러 콘덴서가 많이 사용된다. [그림 2.3]은 세라믹 콘덴서와 마일러 콘덴서의 실제외형을 보여 준다.

그림 2.2 전해 콘덴서의 실제 모양의 예

(a) (b)

그림 2.3 교류용 콘덴서 외형의 예: (a) 세라믹 콘덴서, (b) 마일러 콘덴서

[그림 2.3] (a)가 세라믹 콘덴서이고, 그림 (b)가 마일러 콘덴서이다. 교류용 콘덴서의 용량은 그림에서와 같이 세 자리의 수로 표기된다.

만약 첫 번째 숫자, 두 번째 숫자, 세 번째 숫자를 각각 X, Y, Z라 하면 이 콘덴서의 용량 C는

$$C = XY \times 10^{Z} \ \text{pF} \tag{2.5}$$

이다.

한 예로 세 자리수가 103이라면 이 콘덴서의 용량은 10×10^{3} pF가 된다.

2.2 실험준비

1) 실험기기 및 부품

- 저항: 임의의 띠를 갖는 5가지 종류의 저항
- 콘덴서: 임의 용량의 세라믹 혹은 마일러 콘덴서 5가지
- 멀티미터: 1대
- LCR 미터: 1대

2) 기타 실험준비

- 없음

2.3 실험방법

1) 저항값 읽기

① 준비된 첫 번째 저항의 띠 색을 읽어 [표 2.4]에 기록한다.

② 색에 따라 저항값을 식 (2.2)에 의해 산출하여 [표 2.4]의 '기본 값'과 '오차범위' 부분에 기록한다.

③ 이 저항값 R을 멀티미터(혹은 테스터기)로 측정하여 그 값 R_m을 [표 2.4]에 기록한다.

④ 띠에 의해 산출된 값과 측정값의 오차($R-R_m$)를 구하여 [표 2.4]에 기록한다.

⑤ ①~④의 과정을 나머지 4가지의 저항에 대해 시행하면서 [표 2.4]에 기록한다.

⑥ 기본 값 R과 측정값 R_m의 차이를 구하여 이 차이가 색의 띠에 나타난 오차 범위에 들어가는지 확인한다.

2) 콘덴서 용량 읽기

① 콘덴서에 기록된 세 자리의 수를 읽어 [표 2.5]에 기록한다.

② 기록된 고유의 수를 사용하여 콘덴서의 용량을 식 (2.5)에 따라 계산한 후 [표 2.5]에 기록한다.

③ LCR 미터로 콘덴서 용량을 측정하여 [표 2.5]의 'F_m' 부분에 기록한다.

④ ①~③의 과정을 나머지 4가지의 콘덴서에 적용한다.

⑤ 고유의 수에 의한 용량 F와 LCR미터에 의해 측정된 값 F_m의 차이를 구하여 [표 2.5]에 기재한다.

2.4 실험결과

표 2.4 저항값 실험결과

	띠색			기본 값 R(kΩ)	오차범위 (%)	측정값: R_m(kΩ)	실제오차: $R-R_m$(kΩ)
	첫째 띠	둘째 띠	셋째 띠				
저항 1							
저항 2							
저항 3							
저항 4							
저항 5							

표 2.5 콘덴서 용량 실험결과

	콘덴서에 기록된 고유 수			고유의 수에 의한 용량 F	LCR미터에 의한 측정 F_m (pF)	오차 $F-F_m$
	첫째 수	둘째 수	셋째 수			
콘덴서 1						
콘덴서 2						
콘덴서 3						
콘덴서 4						
콘덴서 5						

2.5 검토

띠 혹은 기록된 숫자에 의한 저항값과 콘덴서 용량을 계산하고 이들 값을 측정치와 비교한다. 오차가 허용범위 안에 있는지를 검토한다.

실험 3. 멀티미터 사용법과 전류-전압 측정법

목적

- ✓ 전류, 전압, 저항 등을 측정하는 멀티미터의 사용법을 익힌다.
- ✓ 전류측정기와 전압측정기를 사용하여 각각 전류와 전압을 측정하는 방법을 익힌다.

3.1 관련이론

전압을 측정하는데 사용되는 기기를 전압측정기(혹은 볼트미터), 전류를 측정하는데 사용되는 기기를 전류측정기(혹은 암미터), 저항을 측정하는데 사용되는 기기를 저항측정기(혹은 옴미터)라 한다. 이 세 가지 기기가 하나의 기기로 만들어진 것을 멀티미터 혹은 테스터기라 한다. 멀티미터는 이외에도 전력, 주파수 등을 측정하는데 사용된다.

멀티미터는 제작회사와 모델에 따라 약간씩 사용법이 다르나 한 가지 모델의 사용법을 익히면 다른 모델들의 사용법은 쉽게 알 수 있다.

한편 전기전자회로에서는 전원과 부하 사이에 전압원, 부하, 전류경로로 구성되며, 회로의 정상 동작 유무를 확인하는 과정에서 각 부위의 전류와 전압을 체크하는 것은 필수적이다.

본 장에서는 휴대용 아날로그 멀티미터(홍창 HC-260TR)와 디지털 멀티미터의 대표적 기기(산화 PC710모델)를 참고로 하여 멀티미터 사용법과 기본적인 전류와 전압의 측정법에 관한 실험을 수행하고자 한다.

1) 멀티미터 사용법

멀티미터는 아날로그 형과 디지털 형이 있는데, 아날로그 형은 [그림 3.1]과 같이 계기판 위에 바늘이 움직이면서 전압, 전류, 저항 등의 크기를 나타낸다. 한편 디지털 형은 일반적으로 아날로그 형과 사용방법은 유사하나 전압, 전류, 저항 등의 크기를 계기판의 바늘 형태가 아니라 LCD 화면 위의 숫자로 나타낸다.

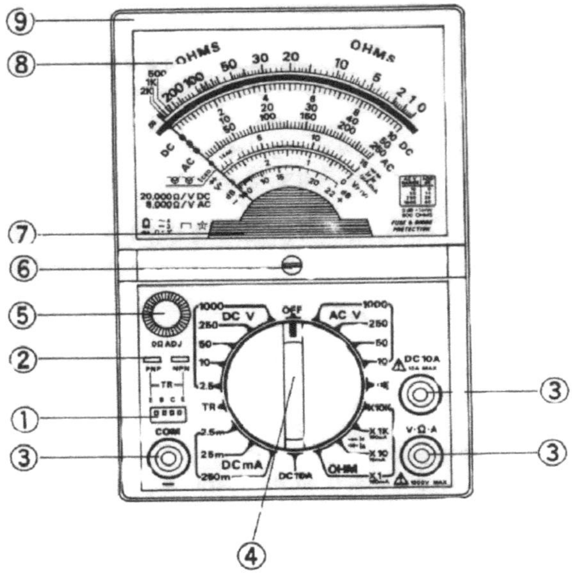

그림 3.1 아날로그형 멀티미터의 외형에 대한 예(흥창 HC 260TR)

멀티미터는 전압, 전류, 저항 이외에 데시벨을 포함한 몇 가지의 전기적 관련 양을 측정할 수 있으나 대부분 전압, 전류, 저항을 측정하는데 사용된다.

1-1) 아날로그 멀티미터

이 절에서는 홍창의 아날로그 형 멀티미터 HC-260TR 모델을 바탕으로 전압, 전류, 저항을 측정하는 방법에 대해서만 설명을 하기로 하고 나머지는 부위별 이름만 기재하고 독자가 매뉴얼이나 기타 관련 자료를 통하여 학습하기 바란다[7]. 아날로그 멀티미터(홍창 HC260TR 모델)의 각 부위별 명칭과 기능은 아래와 같다.

❖ 각 부위의 명칭과 기능

각 부위의 명칭과 기능을 간략히 설명하기로 한다.

- ①번: 트랜지스터 검사 소켓
- ②번: 트랜지스터 판정 지시장치

➽ ③번: 입력소켓

이것은 안전장치로 되어 있어 시험봉의 플러그를 삽입하는 곳이다. 즉 '+' 단자와 '-' 단자에 연결되는 부분이다.

➽ ④번: 레인지 선택 스위치

명확한 레인지 선택이 가능한 스위치 방식으로 20가지 레인지의 선택이 가능하다.

➽ ⑤번: 0(zero) Ω 조정기

Ω메타로 사용할 경우 지침이 Ω눈금의 0점에 정확히 가리키도록 조정하는데 사용한다.

➽ ⑥번: 0 점 조정기

어떤 양을 측정하고자 할 때, 측정하기 전에 반드시 지침이 왼쪽 0 점에 있는지 확인하고 필요할 때 조정한다.

➽ ⑦번: 내자형 가동 코일형 메타

➽ ⑧번: 눈금판

약 90 mm, 90° 원호 및 칼날 지침의 눈금판은 판독하기가 쉬우며 눈금간의 간격이 넓어 정밀측정이 가능하다.

➽ ⑨번: 케이스

외부의 충격으로부터 기기를 보호하기 위한 것으로 고충격성 플라스틱으로 만들어 졌다.

❖ 전기적 규격

➽ 직류전압

- 레인지(범위): 2.5, 10, 50, 250, 1000 V
- 감도: 20,000 Ω/V
- 정밀도: 최대 눈금치수의 3% 이내 오차

➽ 교류전압

- 레인지: 10, 50, 250, 1000 V
- 감도: 8,000 Ω/V

- 지시치: 전파정류 평균치 감응치를 정현파 실효치로 교정된 지시치
- 주파수 감응: 정격정밀도는 50 V까지는 10 kHz, 정격정밀도 250 V까지는 20 kHz임.
- 정밀도: 최대 눈금치수의 4% 오차

➽ 직류전류

- 레인지: 2.5, 10, 250 mA, 10 A.
- 전압강하: 0.25 V
- 정밀도: 최대 눈금치의 3 %

➽ 저항

- 레인지: 2.5, 10, 50, 250, 1000 Ω

➽ 사용범위

- R × 1: 0~2000 Ω (20 Ω 중앙 눈금)
- R × 10: 0~20,000 Ω (200 Ω 중앙 눈금)
- R × 1k: 0~2 MΩ (20 kΩ 중앙 눈금)
- R × 10k: 0~20 MΩ (200 kΩ 중앙 눈금)

➽ 정밀도: 3° Arc.

➽ 사용온도

- 정격정밀도 유지: 23℃±5℃
- 0℃~18℃, 28℃~50℃범위에서 4% 오차가 부가될 수 있음.

❖ 사용방법

➽ 주의 사항

- 고압을 측정하는 경우 계측기 사용 안전규칙을 준수한다.
- 측정하기 전에 계측기의 지침이 0 점에 있는지 확인한다.
- 측정하기 전에 레인지(범위) 선택 스위치와 시험봉이 적정 위치에 있는지 확인한다.

- 측정 위치를 모르면 제일 높은 레인지에서부터 선택하여 측정을 시작한다.
- 측정이 끝나면 피측정체의 전원을 끄고 반드시 레인지 선택 스위치를 OFF 위치에 둔다.

➽ 직류전압 측정

- 흑색 시험선을 COM에 두고, 적색 시험선을 V.Ω.A에 삽입한다.
- 피측정 개소에 시험봉의 탐침을 접촉, 연결한다.
- 피측정체에 전원을 넣는다.
  : 이때 지침이 눈금판의 0점 이하로 가면 피측정 개소의 전원을 꺼버린 다음에 시험봉의 탐침을 바꾸어 접촉한다.
- 눈금판의 흑색 직류 전용 눈금선에서 지시치를 읽는다.
- 10, 50, 250의 레인지 선택에서 눈금판의 해당 눈금을 직접 읽고, 2.5는 250 눈금선에 100으로 나누고 1000에서는 10 눈금선에 100을 곱하여 준다.

➽ 교류전압 측정

【주의】 이 제품은 교류 레인지에서 직류성분이 유입될 수 있으니 순수 교류성분인지를 확인하기 위해 입력단자와 시험선 간에 콘덴서를 삽입시켜 직류성분을 배제함으로써 순수 교류성분의 유무를 확인할 수 있다.

- 사용법

  측정 순서는 직류와 동일하다.

  지시치를 판독할 때는 AC 전용 눈금선에서 지시치를 읽는다.

  피측정 개소에 시험봉의 탐침을 접촉, 연결한다.

  피측정치에 전원을 넣는다.

  눈금판의 적색 교류 전용 눈금선에서 지시치를 읽는다.

➽ 직류전류 측정

【주의】 절대로 시험선을 전원 또는 전압이 있는 피측정체에 연결하지 말고 반드시 직렬 연결하여 사용하여야 한다.

◆ 사용법
- 흑색 시험선을 COM 에, 적색시험선을 V.Ω.A에 연결한다.
- 레인지 선택 스위치를 전압 레인지에 두면 안 된다.
- 피측정 개소의 전원을 차단하고 측정기와 직렬로 연결한다.

◆ DC 10A 측정
- 흑색 시험선을 COM에 적색 시험선을 DC 10 A에 옮겨 삽입한다.
- 레인지 선택스위치를 10 A에 둔다.
- 이하는 직류전류 측정방식에 따라 행한다.

◆ 저항 측정
- 레인지 선택스위치를 저항 측정레인지에 둔다.
- 흑색 시험선을 COM 에, 적색 시험선을 V.Ω.A에 삽입한다.
- 시험선의 탐침을 상호 접촉시켜 지침이 저항 눈금선의 0에 정확히 오도록 0Ω 조정기를 돌려 조정한다.
- 피측정 저항치를 시험선에 접속시켜 저항치를 읽는다. 이때 선택된 저항 레인지에 표기된 수치만큼 지시치에 곱한다.

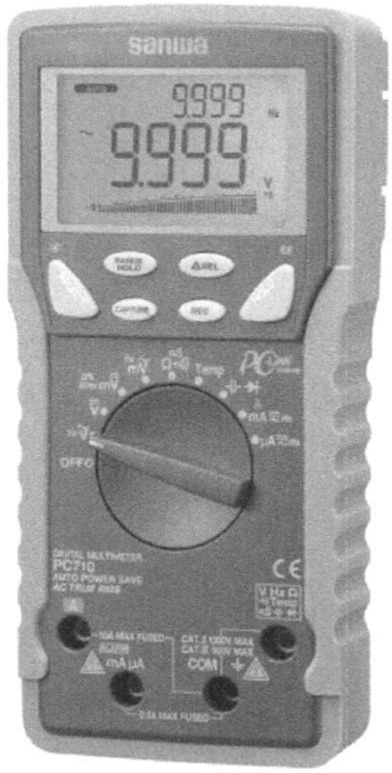

그림 3.2 디지털 멀티미터 외형의 예 (산화 PC710 모델)

1-2) 디지털 멀티미터

[그림 3.2]는 '산화' 사에서 출시된 PC710 모델의 외형이다[8]. [그림 3.1]과 사용법은 거의 유사하며, 측정치를 나타내는 지시계 대신에 액정 화면에 측정치가 숫자로 나타나는 것이 다르다. 제품생산 회사에 따라 약간씩 차이가 있으나 사용법은 거의 유사하다.

예를 들어 직류전압이 5 V로 측정이 되었다면, 화면에 숫자로 5 V가 표시된다. 자세한 내용은 관련 자료를 이용하기 바란다.

2) 전류-전압 측정법

2-1) 직류전류 측정

[그림 3.3]은 전류를 측정하는 방법을 설명하기 위한 회로구성의 예이다. [그림 3.3]의 (a)는 저항에 흐르는 전류를 측정하기 위한 전원, 저항, 전류측정기의 연결 상태를 보여준 것이고, (b)는 (a)의 회로에서 기기와 소자를 전자회로 기호(심벌)로 표시한 것이다. 전류를 측정하는 절차는 아래와 같다.

① 저항 R을 흐르는 전류 I를 측정하기 위해서는 회로의 한 부분을 개방(open)한다.

② 전류값을 측정하기 전에 전류의 근사값을 예측하여 전류측정기의 레인지 스위치를 적절한 DC전류 측정영역에 놓는다. 근사값이 전혀 예측되지 않을 때는 전류측정기의 레인지 스위치를 전류 측정영역에서 최대로 측정 가능한 범위에 둔다.

③ 전류측정기를 [그림 3.3]의 (a)와 같이 연결한다. 이 때 전류측정기의 빨간색 단자를 전원의 (+)쪽 방향으로 연결하고 검은색 단자를 전원의 (-)쪽 방향으로 연결한다.

④ 아날로그 전류측정기인 경우에는 지시계의 바늘이 가리키는 눈금을 읽고, 디지털 전류측정기인 경우는 LCD화면의 값을 읽는다. 근사적 값이 전혀 예측되지 않을 때는 전류측정기의 레인지 스위치를 DC전류 측정영역에서 최대 눈금의 범위에서부터 차례로 작은 범위로 내려오면서 적당한 범위를 찾아 고정시키고 전류값을 읽는다.

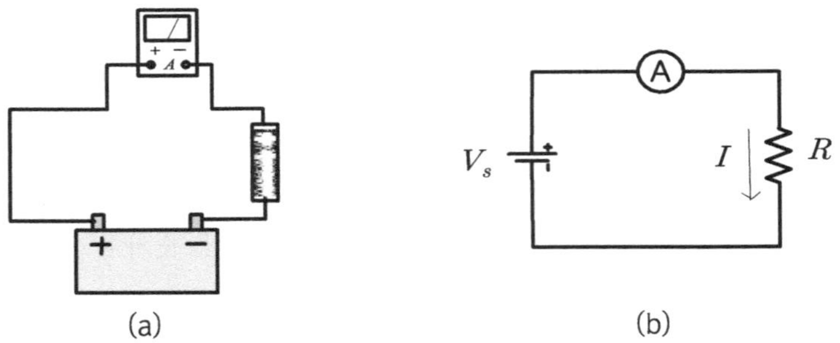

그림 3.3 전류측정을 위한 회로와 전류측정기의 연결법;
(a) 전원, 저항, 전류 측정기의 연결상태
(b) 위의 (a)회로에 대한 전자회로 심벌 표기

2-2) 직류전압 측정

[그림 3.4]의 회로는 전압을 측정할 때 회로와 전압측정기의 연결 상태를 보여준 것이다. 전압을 측정하는 절차는 아래와 같다.

① 전압을 측정하기 전에 전압의 근사값을 예측하여 레인지 스위치를 적절한 DC전압 범위에 놓는다. 근사값이 전혀 예측되지 않을 때는 전압측정기의 레인지 스위치를 DC전압 측정영역에서 최대로 측정 가능한 범위에 둔다.

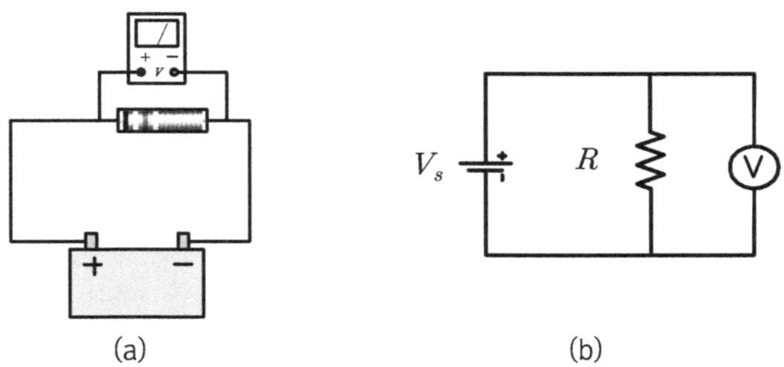

그림 3.4 전압측정을 위한 회로와 전압측정기의 연결법;
(a) 전원, 저항, 전압측정기의 연결법
(b) 위의 (a) 회로에 대한 전자회로 심벌 표기

② 저항 R에 걸리는 전압을 측정하고자 하는 경우 전압측정기를 [그림 3.4]의 (a)와 같이 연결한다. 이 때 전압측정기의 빨간색 단자를 저항과 전원의 (+)극이 만나는 쪽에 연결하고, 검은색 단자를 저항과 전원의 (-)극이 만나는 쪽에 연결한다.

③ 아날로그 전압측정기(멀티미터)인 경우에는 지시계의 바늘 눈금을 읽고 디지털 전압측정기인 경우 LCD 화면의 값을 읽는다.

2-3) 교류전압 측정

교류전압을 측정하는 경우 [그림 3.4]에서 직류전원이 교류전원이 되어야 한다. 교류 전압의 측정 시에는 전압 측정기의 레인지스위치를 AC전압 측정범위에 두고, 측정하고자 하는 전압의 극성에 관계없이 전압측정기의 두 단자를 [그림 3.4] (a)와 같이 서로 다른 어느 한 쪽에 연결시키면 된다. 그 외에는 직류전압을 측정할 때의 방법과 동일하다.

3.2 실험준비

본 실험에서는 멀티미터를 이용한 전류-전압을 측정하는 실험을 수행하기로 한다.

1) 실험기기 및 부품

- 저항: 1 ㏀ 2개, 4.7 ㏀ 2개, 10 ㏀ 2개
- 전원공급기: 1대
- 멀티미터: 1대
- 브레드보드: 1대

2) 기타 실험준비

- [그림 3.5]에서 $V_s = 10\text{V}$, $R_1 = 1$ ㏀으로 가정하고, 저항 R_2를 [표 3.1]에 기재된 값에 따라 변화시키면서 두 직렬저항을 흐르는 전류 I를 식 (3.1)에 의해 계산하여 [표 3.1]의 이론값 부분에 기재한다.
- [그림 3.3]에서 $V_s = 10\text{V}$, $R_1 = 1$ ㏀으로 가정하고, 저항 R_2를 [표 3.2]에 기재된 값에 따라 변화시키면서 저항 R_2에 걸리는 전압 V_{R_2}를 식 (3.2)에 의해 계산하여 [표 3.2]의 이론값 부분에 기재한다.

3.3 실험방법

본 실험에서는 편의상 직류전압과 직류전류 측정법으로 제한하기로 한다.

1) 직류전류 측정법

① [그림 3.5]에서 $R_1 = 1$ ㏀, $R_2 = 1$ ㏀, 직류전원공급기를 $V_S = 10\,V_{ac}$로 조정하여 [그림 3.5]의 회로를 구성한다.

② 저항 '$R_1 - R_2$'를 흐르는 전류 I를 측정하여 [표 3.1]에 기록한다.

③ R_2를 4.7 ㏀, 10 ㏀으로 변화시키면서 전류 I를 측정하여 아래 [표 3.1]에 기록한다.

④ 이론적으로 저항 '$R_1 - R_2$'를 흐르는 이론적인 전류값 I는

$$I = \frac{V_S}{R_1 + R_2} \tag{3.1}$$

이다. 이론값와 측정값을 비교하여 오차를 구하고 [표 3.1]에 기록한 후 이들을 비교한다.

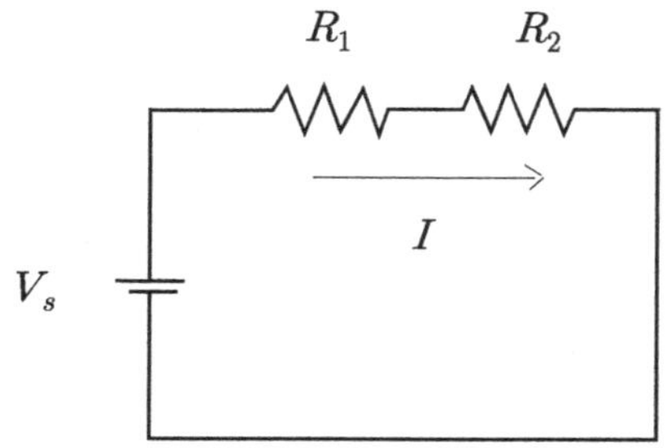

그림 3.5 직류전압 측정 실험을 위한 회로

2) 직류전압 측정법

① $R_1 = 1$ ㏀, $R_2 = 1$ ㏀, 직류전압원 $V_S = 10\ V_{dc}$로 조정하여 [그림 3.5]의 회로를 구성한다.

② R_2에 걸리는 전압 V_{R_2}를 측정하여 [표 3.2]에 기록한다.

③ R_2를 4.7 ㏀, 10 ㏀으로 변화시키면서 저항 R_2에 걸리는 전압 V_{R_2}를 측정하여 아래 [표 3.2]에 기록한다.

④ 이론적으로 R_2에 걸리는 전압 V_{R_2}와 비교한다. 단, R_2에 걸리는 이론적인 전압값 V_{R_2}는

$$V_{R_2} = \frac{R_2}{R_1 + R_2} V_S \tag{3.2}$$

이 된다. 이론값과 실험값을 비교하여 오차를 구한 후 [표 3.2]에 기록한다.

* 앞의 두 실험에서 저항 R_1과 R_2 및 전압 V_S의 값을 다른 값으로 사용하여도 무방함.

3.4 실험결과

표 3.1 직류전류 측정에 대한 실험결과

R_2(kΩ)	I(mA)		오차 ΔI (mA)
	이론값	측정값	
1			
4.7			
10			

표 3.2 직류전압 측정에 대한 실험결과

R_2(kΩ)	V_{R_2}(V)		오차 ΔV (V)
	이론값	측정값	
1			
4.7			
10			

3.5 검토

이론값과 측정값을 비교한다. 이론값과 측정값의 오차가 무시할 수 없을 정도로 크면 그 원인을 분석해 본다.

실험 4. 오실로스코프 사용법

목적

✓ 오실로스코프를 사용하여 전압을 측정하는 방법을 익힌다.
✓ 오실로스코프를 사용하여 신호의 주기, 주파수, 위상을 측정하는 방법을 익힌다.

4.1 관련이론

오실로스코프는 시간적으로 변하는 전기적 신호를 음극선관(Cathode Ray Tube)을 통해 스크린 상에 파형으로 나타내는 계측기이다. 따라서 오실로스코프를 CRO (Cathode Ray Oscilloscope) 또는 간략히 스코우프(scope)라고도 한다.

1) 오실로스코프 구조와 동작원리

오실로스코프의 기본 구조와 동작원리를 [그림 4.1]을 참고로 간략히 살펴보자.

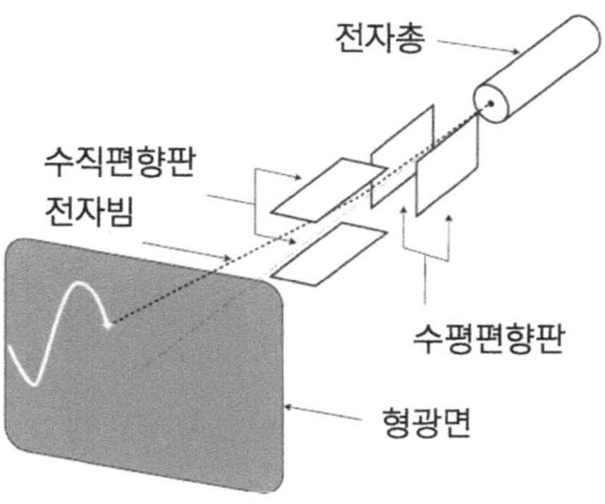

그림 4.1 오실로스코프의 기본 구조

먼저 전자총에서 전자가 형광면을 향해 나오며, 이 전자들이 형광면에 닿으면 닿은 부분에 빛이 난다. 전자가 형광면 상으로 이동하면 그 자국을 찾아갈 수 있게 하는 기구가 편향판이다. 편향판은 서로 마주한 2장의 금속판으로 구성되어 있으며, 이 두 금속판에 전압을 인가하면 전자는 음전하(-)라서 양극판(+)으로 끌려가면서 방향이 바뀌는 구조이다

일반적으로 수평축을 시간축이라 부르며, 일정 속도로 이동하도록 일정 비율로 전압이 증가하는 톱니 모양의 파장을 더한다. 또한 수직축을 전압축이라 부르며 신호 전압을 그대로 더한다. 이러한 작용으로 형광면에 여러 가지 신호의 파형을 나타낼 수 있다.

2) 오실로스코프 사용법

[그림 4.2]은 C & C Instrument사의 OSC-1060 모델 오실로스코프의 외형을 나타낸 것이다. 오실로스코프는 신호를 CRT화면에 보여주는 몸체 부분과 외부 신호를 계측기에 연결시켜 주는 프로브(probe)로 구성되어 있다[9].

오실로스코프의 CRT화면에서 수평축(X축)은 시간 변화, 수직축(Y축)은 전압의 변화를 나타내어 준다. 프로브는 관측하고자 하는 신호를 오실로스코프 본체에 연결시켜 주는 연결기기이다.

[그림 4.3]은 프로브의 외형을 보여주며, 이는 BNC 커넥터, 커패시턴스 보상용 트림머(trimmer), 동축케이블, 접지단자, 접지커버, 측정단자고리로 구성되어 있다.

본 실험에서는 오실로스코프를 통해 직류전압, 교류전압, 직교류 합성 전압에 대한 파형, 주기, 주파수, 위상차를 측정하는 방법에 대해 살펴보기로 한다.

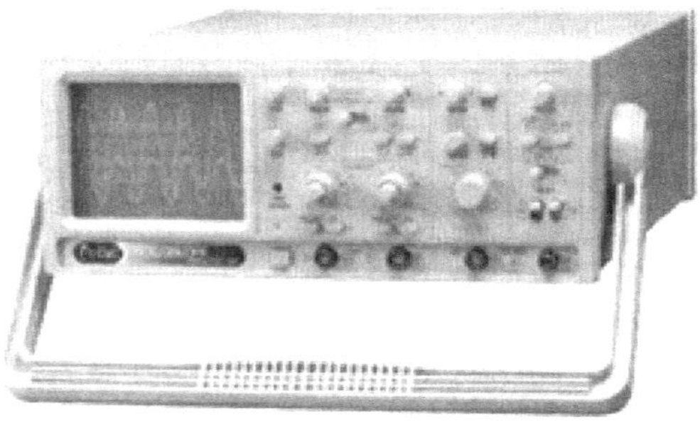

그림 4.2 오실로스코프의 외형(C & C Instrument사의 OSC-1060 모델)

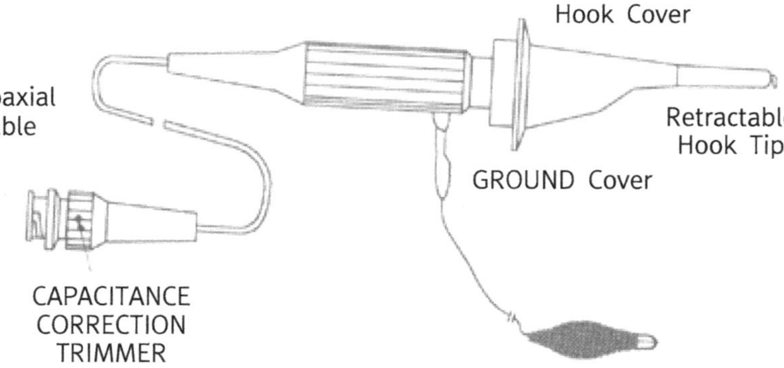

그림 4.3 오실로스코프에 사용되는 프로브

오실로스코프는 측정된 아날로그 신호를 그대로 화면에 디스플레이시켜 주느냐, 아니면 아날로그 신호를 디지털 신호로 변환시켜 디스플레이시켜 주고 저장이 가능한가에 따라 아날로그 오실로스코프와 디지털 오실로스코프로 나누어진다. 즉 디지털 오실로스코프도 아날로그 오실로스코프와 기본적인 구성은 비슷하나 외부의 신호를 입력하여 디지털화시키고 그것을 화면에 디스플레이시켜 주거나 저장시킬 수 있는 기능이 다르다.

사용자의 측면에서는 신호를 CRT 화면상으로 관측하는 것은 아날로그방식과 디지털방식이 유사하다. 그러므로 한 종류의 오실로스코프 사용법을 익히면 다른 종류도 쉽게 알 수 있다. 여기에서는 아날로그형인 'C & C Instruments'사의 'OSC ~ 1060'모델을 중심으로 설명하고자 한다.

2-1) 직류전압 측정

오실로스코프의 단자(프로브)를 접지에 연결하였을 때 화면에 나타나는 휘선이 기준선, 즉 접지 위치를 나타내는 선이다. 이 기준선에 대해 직류 신호가 인가될 때 화면의 휘선은 위쪽이나 아래쪽으로 움직여 간다. 만약 기준 접지선을 나타내는 부분으로부터 위쪽으로 옮겨간 경우라면 입력신호의 전압은 양(+)의 직류전압이고, 아래쪽으로 옮겨간 경우라면 입력신호의 전압은 음(-)의 직류전압이다.

직류전압을 측정하는 순서는 다음과 같다.

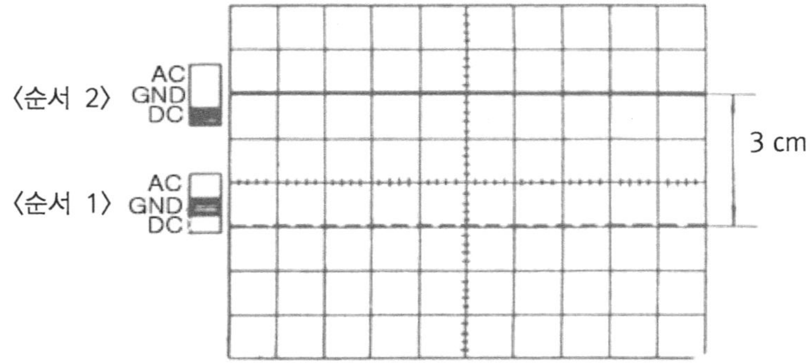

그림 4.4 오실로스코프로로 직류전압을 측정한 예

① 입력 신호가 아무리 커도 VOLTS/DIV의 위치에 나타나는 숫자에 8을 곱하였을 때 나타나는 숫자보다 입력신호가 더 크지 않도록 입력신호의 최대치를 대략적으로 예측하여 VOLTS/DIV의 스위치를 설정한다.

② AC/GND/DC 스위치를 'GND'위치에 두고 휘선이 가로 방향으로 어느 한 부분에 오도록 상하 위치조정 단자를 움직인다.

③ AC/GND/DC 스위치를 'DC'위치에 둔다.

④ 오실로스코프의 단자를 입력신호에 연결한다.

⑤ 화면상에 나타나는 휘선의 높이를 계산하여 직류전압을 측정한다.

[그림 4.4]는 직류전압 측정의 예를 설명하기 위한 그림이다. VOLTS/DIV 스위치를 1 V의 위치에 두고 AC/GND/DC 스위치를 'GND'위치에 두었을 때 휘선이 점선 부분에 오도록 하였다고 가정하자. 그 다음 AC/GND/DC 스위치를 'DC'위치에 두었을 때 화면의 휘선이 실선 부위에 나타났다고 가정하자. 이 경우 세로의 1칸이 1 V를 나타내므로 입력전압은 +3 V의 직류전압이 될 것이다.

2-2) 교류전압 측정

교류전압을 측정하고자할 때는 위의 직류전압 측정방식과 거의 동일하다. 단, 위의 직류전압을 측정하는 다섯 가지 절차 중 ①번에서 예측되는 입력신호의 peak-to- peak 전압의 최대치를 기준으로 VOLTS/DIV의 위치를 결정해야 하며, ③번에서 AC/GND/DC 스위치를 'AC'위치에 맞추어야 하는 것이 다르며, 그 이외에는 직류전압 측정법과 동일하다.

2-3) 직교류 합성 전압 측정

직류와 교류의 합성 전압에 대한 측정도 직류전압의 측정법과 거의 동일하다. 측정된 신호의 해석을 아래 [그림 4.5]를 참고하여 설명하기로 한다.

즉 직교류 합성 전압을 측정하는 순서는 다음과 같다.

① 예측되는 입력신호의 'peak-to-peak 값'과 직류성분의 값의 합이 아무리 커도 VOLTS/DIV의 위치에 나타나는 숫자에 8을 곱하였을 때 나타나는 숫자보다 더 크지 않도록 VOLTS/DIV의 스위치를 설정한다.

② AC/GND/DC 스위치를 'GND'위치에 두고 휘선이 가로 방향으로 어느 한 부분에 오도록 상하 위치조정 단자를 움직인다.

③ AC/GND/DC 스위치를 'DC'위치에 둔다. 화면상에 나타나는 휘선의 높이를 계산하여 직교류 전압의 크기를 측정한다.

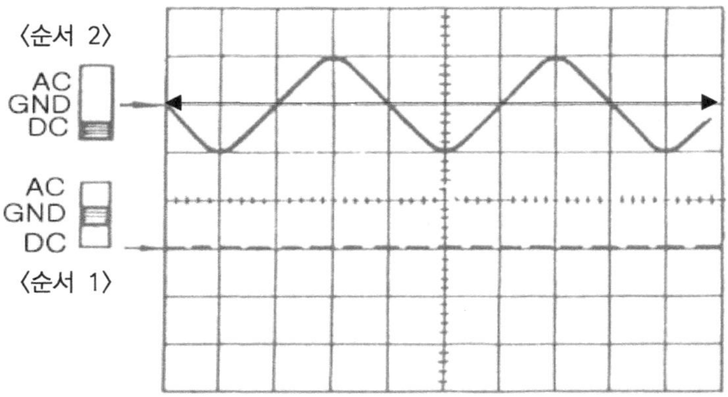

그림 4.5 오실로스코프에 의한 직교류 합성 신호 측정실험의 예

예로써 [그림 4.5]에서 긴 점선 부분을 기준선(접지)이라 가정하자. 여기서 직류와 교류가 섞인 전압이 프로브를 통해 오실로스코프에 인가되었을 때, [그림 4.5]에서 (순서 2)의 오른쪽 CRT 화면에서와 같은 파형이 관측되었다고 하자. 이 때 [그림 4.5]에서 정현파 모양은 교류성분이며, 정현파 파형의 가운데 부분(양쪽으로 나타난 화살표 부분)에서 그 아래 긴 점선까지 해당되는 것이 직류성분이다. 따라서 입력신호는 직류와 교류의 성분이 합성된 신호이다.

순수 교류성분만 관측하고자 할 때는 AC/GND/DC 스위치를 'AC' 위치에 두고 측정하면 된다.

2-4) 정현파의 주기와 주파수 측정

시간적으로 변하는 정현파의 파형, 주기, 주파수를 측정하는 방법에 대해 살펴보자. 정현파 신호의 주파수 f와 주기 T의 관계는 다음과 같다.

$$T = 1/f \tag{4.1}$$

[그림 4.6]을 참고로 정현파의 주기와 주파수를 측정하는 방법에 대해 설명하기로 한다.

우선 오실로스코프에서 TIME/DIV의 위치가 1 msec에 있다고 가정하자. 이 때 정현파 입력 신호가 [그림 4.6]과 같이 나타났다고 가정하자. 이 그림에서 정현파의 첨두치(peak value)를 나타내는 한 지점과 바로 인접한 첨두치를 나타내는 지점까지 가로축 방향의 거리는 4칸이다. 이 때 주기 T와 주파수는 각각 $T = 4$ msec, $f = 1/T = 250$ Hz가 된다.

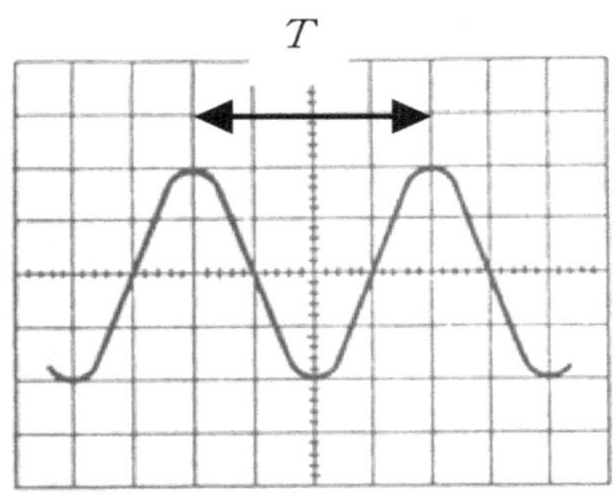

그림 4.6 정현파를 오실로스코프 화면에 나타난 예

2-5) 동일 주파수를 갖는 두 정현파 사이의 위상차 측정

주파수가 동일한 두 정현파 사이의 위상차를 오실로스코프로 측정하는 방법은 아래와 같다.

① 오실로스코프를 적절히 초기화한다.

② 측정하고자하는 두 정현파를 각각 오실로스코프의 CH1과 CH2단자에 연결한다.

③ Source 모드 선택기를 ALT 위치에 둔다.

④ CRT화면에서 1 주기 동안의 수평거리와 위상편이의 수평거리를 구한다.

⑤ 식 (4.2)에 의해 위상차를 계산한다.

$$\text{위상차} = \frac{\text{위상편이의 수평거리}}{\text{1주기 동안의 수평거리}} \times 360^{o} \qquad (4.2)$$

2-6) XY 동작모드에서 리사쥬도형에 의한 동일 주파수를 갖는 두 정현파의 위상차 측정

오실로스코프를 사용하여 동일 주파수를 갖는 두 정현파의 위상차를 측정할 수 있는 다른 한 가지 방법이 있다. 측정방법을 [그림 4.7]을 참고로 살펴보기로 하자.

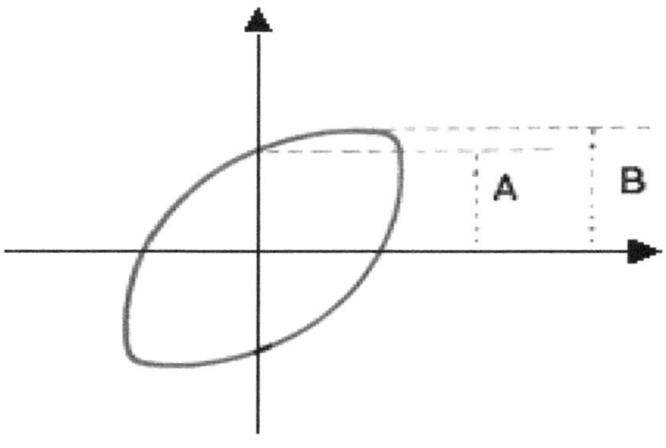

그림 4.7 오실로스코프로 주파수가 동일한 두 정현파의 위상차를 측정한 예

우선 두 정현파를 각각

$$v_1 = V_1 \cos\omega t \tag{4.3a}$$

$$v_2 = V_1 \cos(\omega t + \theta) \tag{4.3b}$$

라 하자. 여기서 V_1은 진폭, ω는 각 주파수, θ는 위상을 나타낸다. 두 신호의 위상차를 측정하는 다른 방법은 XY 모드를 사용하는 것이다. 이것은 하나의 정현파 신호를 수직부에 입력하고, 또 다른 정현파 신호를 수평부에 입력한다. 이러한 화면 설정을 X, Y축이 모두 전압이 되므로 XY 모드라 한다. XY모드 설정으로 나오는 파형을 리사쥬도형이라 한다. 즉 [그림 4.7]과 같은 타원형의 도형을 리사쥬도형이라 한다.

리사쥬도형을 사용하여 식 (4.3a)와 (4.3b)의 두 정현파 사이의 위상차를 측정하는 절차는 다음과 같다.

① 오실로스코프를 적절히 초기화한다.

② 오실로스코프의 SLOPE 선택기에서 XY모드를 선택한다.

③ 오실로스코프의 수직축 입력과 수평축 입력에 각각 같은 진폭의 두 정현파를 인가한다. 한쪽(여기에서는 Y축 입력)에는 v_1의 정현파를 인가하고, 다른 한쪽(X축 입력)은 v_2의 정현파를 인가한다.

④ [그림 4.7]과 같이 나타난 두 입력 신호에 대한 리사쥬도형을 관측하고 A와 B의 거리를 각각 측정한다. 이 때 리사쥬도형이 정사각형 안에 있지 않으면 입력감쇠기와 미세조정기를 사용하여 정사각형 안에 들어오도록 조정하여야 한다.

⑤ 두 정현파의 위상차를 식 (4.4)에 의해 구한다.

$$\text{위상차} = \sin^{-1}\frac{A}{B} \tag{4.4}$$

여기서 A는 원점과 타원이 수직 축과 만나는 점 사이의 거리를 나타내며, B는 수직축에서 타원이 갖는 최대값을 나타낸다.

2-7) XY 동작모드에서 리사쥬도형에 의한 주파수가 다른 두 정현파의 주파수 측정

오실로스코프를 사용하여 주파수가 다른 두 정현파 신호의 위상차를 측정할 수 있다. [그림 4.8]을 참고로 자세히 살펴보기로 하자.

두 정현파의 위상차를 측정하는 절차를 [그림 4.8]을 참고로 설명하면 다음과 같다.

① 오실로스코프를 적절히 초기화한다.

② 오실로스코프의 SLOPE 선택기에서 XY모드를 선택한다.

③ 미지의 주파수를 갖는 정현파를 수직축에, 이미 알고 있는 주파수를 갖는 정현파를 수평축에 인가한다.

④ [그림 4.8]과 같은 도형은 두 정현파의 주파수 비가 정수일 때 정지하는데, 이 비에서 미지의 주파수는 식 (4.5)과 같이 구한다.

$$\text{미지의 주파수 } f_y = f_x \frac{N_x}{N_y} \tag{4.5}$$

여기서 f_x는 알고 있는 정현파의 주파수를 나타내며, N_x, N_y는 각각 [그림 4.8]에서 수직의 접선에 접해 있는 루프의 수와 수평의 접선에 접해 있는 루프의 수를 나타낸다.

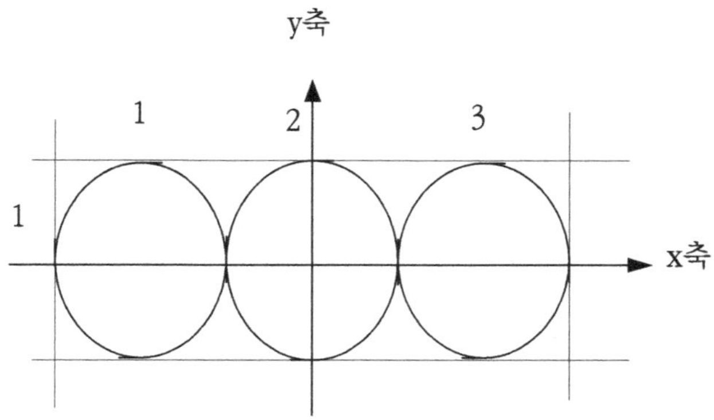

그림 4.8 오실로스코프로 주파수가 다른 두 정현파의 주파수를 측정한 예

4.2 실험준비

1) 실험기기 및 부품

- 저항: 1 kΩ 4개, 2 kΩ 2개, 4.7 kΩ 2개, 10 kΩ 2개
- DC 전원공급기: 1대
- 함수발생기: 2대
- 멀티미터: 1대
- 오실로스코프: 1대

2) 기타 실험준비

- [표 4.1]에서 [그림 4.9]의 R_2에 측정되는 전압의 이론값을 식 (4.6)에 의해 구한다.
- [표 4.2]에서 [그림 4.10]의 R_2에 측정되는 전압의 이론값을 식 (4.6)에 의해 구한다.

4.3 실험방법

본 실험은 편의상 직류전압 측정법, 교류전압측정법, 정현파의 주기와 주파수 측정법, XY 동작모드에서 리사쥬도형에 의한 동일 주파수를 갖는 두 정현파 사이의 위상차 측정법에 한정하기로 한다. 아직 함수발생기의 사용법은 배우지 않았음으로 조교 선생님의 도움을 받는다.

1) 직류전압 측정법

직류전압을 측정하기 위한 실험방법은 다음과 같다.

① 오실로스코프의 각 조정기를 적절히 초기화한다.
② [그림 4.9]에서 $R_1 = 1$ kΩ, $R_2 = 1$ kΩ으로 하여 회로를 구성한다. 이 때 인가전압 V_s는 직류 10 V로 한다.

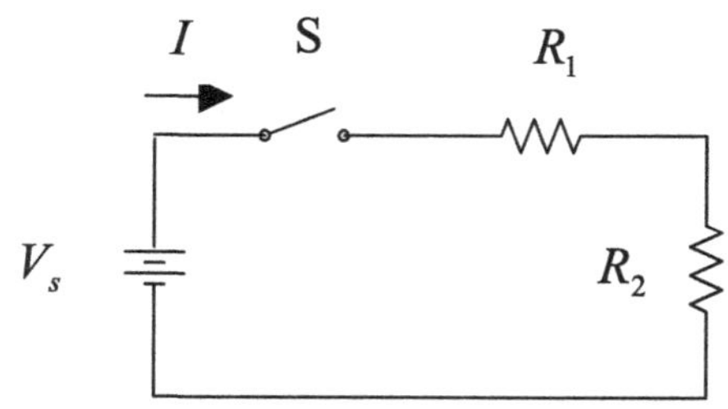

그림 4.9 직류전압 측정실험을 위한회로

③ CRT 화면에서 R_2 에 인가되는 전압 V_{R_2} 를 오실로스코프로 측정 후 [표 4.1]에 기록한다.

④ R_2의 저항값을 [표 4.1]에 기재된 값으로 변화시키면서 ③번을 반복한다.

⑤ R_2에 인가되는 전압의 측정값을 이론값과 비교하여 오차를 구하고, [표 4.1]에 기록한다. 단 R_2에 인가되는 전압 V_{R_2}의 이론값은 식 (4.6)과 같이 구한다.

$$V_{R_2} = \frac{R_2}{R_1 + R_2} V_s \tag{4.6}$$

2) 교류전압 측정법

교류전압을 측정하는 방법은 직류전압을 측정하는 방법과 유사하다. 자세한 절차는 다음과 같다.

① 오실로스코프의 각 조정기를 적절히 초기화한다.

② [그림 4.10]에서 $R_1 = 1$ kΩ, $R_2 = 1$ kΩ으로 하여 회로를 구성한다. 이 때 인가전압 v_s는 함수발생기에서 교류전압 10 $V_{p\text{-}p}$(p-p: peak-to-peak)를 발생시켜 사용한다. 정현파의 주파수는 임의로 선택하여도 무방하다.

③ CRT 화면에서 R_2 에 인가되는 전압 v_{R_2}(peak-to-peak)를 오실로스코프로 측정한 다음 [표 4.2]에 기입한다.

④ R_2의 저항값을 [표 4.2]에 기재된 값으로 변화시키면서 ③번의 실험과정을 반복한다.

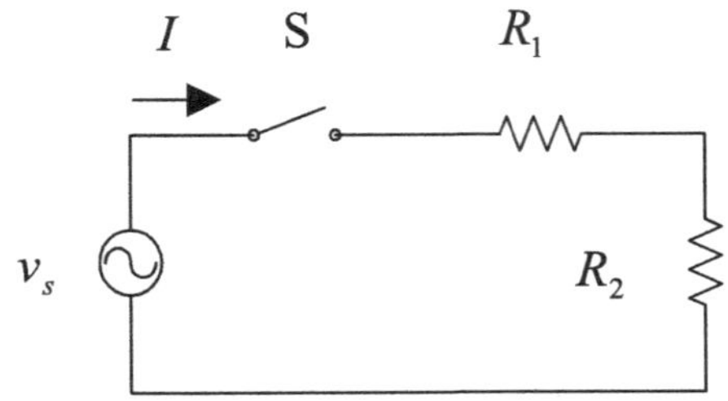

그림 4.10 교류전압 측정실험을 위한 회로

⑤ 측정값과 이론값을 비교하여 오차를 구하고, [표 4.2]에 기록한다. 단 R_2에 인가되는 전압의 이론값 v_{R_2}는 식 (4.6)과 동일하다.

3) 정현파의 주기와 주파수 측정법

교류신호의 주파수 측정에 대한 실험 절차는 다음과 같다.

① 오실로스코프의 각 조정기를 적절히 초기화한다.

② 함수발생기에서 1 kHz, 10 Vp-p의 정현파 신호를 오실로스코프의 단자에 직접 연결한다.

③ CRT 화면에서 가로축에서 1주기에 해당되는 시간 T를 측정한 다음 식 (4.1)에 의해 주파수 f를 계산하여 함께 아래 [표 4.3]에 기록한다.

④ 위의 ②번에서 진폭을 일정하게 유지하면서 함수발생기에서 주파수를 5 kHz, 10 kHz, 20 kHz로 변형시키면서 ③번을 반복 실험한다.

4) XY 동작모드에서 리사쥬도형에 의한 동일 주파수를 갖는 두 정현파의 위상차 측정법

리사쥬도형에 의한 동일 주파수를 갖는 두 정현파의 위상차 측정에 대한 실험절차는 다음과 같다.

① 오실로스코프를 적절히 초기화한다.

② 오실로스코프의 Slope 선택기에서 XY 모드를 선택한다.

③ 함수발생기에서 두 정현파를 발생시킨다. 첫 번째와 두 번째 모두 정현파를 2 Vp-p, 주파수 10 kHz로 조정한다. 여기서 두 정현파의 위상차를 적절히 둔다.

④ 첫 번째 정현파를 수직 입력축 CH1에 연결하고, 두 번째 정현파를 CH2에 인가한다.

⑤ 두 정현파에 대한 리사쥬도형을 관측하여 [그림 4.7]에서와 같이 A와 B의 거리를 각각 측정한다. 이 때 리사쥬도형이 정사각형 안에 있지 않으면 입력감쇠기와 미세조정기를 사용하여 정사각형 안에 들어오도록 조정한다.

⑥ 두 정현파의 위상차를 식 (4.4)에 의해 구한 후 [표 4.4]에 기록한다.

⑦ 정현파의 주파수를 20 kHz, 30 kHz로 변화시키면서 ⑤번과 ⑥번의 실험을 반복한다.

⌘ 주파수, 위상차 등의 실험 조건을 변경시켜 실험을 수행하여도 무방함.

4.4 실험결과

표 4.1 직류전압의 측정에 대한 실험결과

입력전압 V_s(V)	R_1(kΩ)	R_2(kΩ)	R_2에 인가되는 전압, V_{R_2}		오차(V): 이론값-측정값
			이론값(V)	측정값(V)	
10	1	1			
10	1	2			
10	1	4.7			
10	1	10			

표 4.2 교류전압의 측정에 대한 실험결과

입력전압 V_s(V)	R_1(kΩ)	R_2(kΩ)	R_2에 걸리는 전압, V_{R_2}		오차(V) 이론값-측정값
			이론값(V)	측정값(V)	
10	1	1			
10	1	2			
10	1	4.7			
10	1	10			

표 4.3 정현파의 주기와 주파수 실험결과

신호주파수(kHz)	주기(T)	측정 주파수(kHz)
1		
5		
10		
20		

표 4.4 동일 주파수를 갖는 두 정현파의 위상차 실험결과

첫 번째 신호 주파수(kHz)	두 번째 신호 주파수(kHz)	위상차(측청치)
10	10	
20	20	
30	30	

4.5 검토

실험에서 이론적으로 계산된 값과 측정에 의한 값을 비교해 본다. 오차가 있으면 원인분석을 한다. 정현파의 주기, 주파수, 위상차 실험이 정상적으로 이루어졌는지 검토한다.

실험 5. 교류신호와 함수발생기 사용법

목적

- ✓ 신호를 표현하는 기본 함수인 정현파, 삼각파, 사각파의 개념을 익힌다.
- ✓ 교류신호의 기본 파형을 발생시키는 함수발생기의 사용방법을 익힌다.

5.1 관련이론

1) 교류신호

신호는 일반적으로 시간과 공간의 다변수 함수로서 정보를 간직하며, 점유 주파수대역에 따라 전압, 전류, 음파, 초음파, 전파, 빛 등으로 구분된다. 그리고 전기, 전자 회로를 잘 해석하기 위해서는 신호에 숨겨진 특성들을 이해하여야 한다. 이를 위해 신호파형의 표현방법과 신호를 표현하는데 자주 사용되는 기본 함수들에 대한 이해가 선행되어야 한다.

1-1) 정현파

신호파형을 수학적으로 표현하는데 있어서 많이 사용되는 기본 함수들이 있는데, 그 중 하나가 정현파이다. 정현파는 정의에 따르면 파동의 형태를 띠며, 다양한 수학적 작업을 쉽게 할 수 있게 하는 장점을 지니고 있다. 가장 간단한 정현파 신호의 예를 들면 시간에 따라 정현적으로 변하는 정현파 전압 혹은 전류가 있다.

정현파를 이해하기 위해 [그림 5.1]을 참고로 하자. 먼저 2차원 평면상의 원점을 중심으로 원의 둘레를 따라 일정한 속도로 반시계 방향으로 움직이는 한 벡터를 생각하자. 정현파 파형은 일정한 각속도 ω를 가지며, 반시계 방향으로 회전하는 벡터의 수직성분의 변화에 의해 생긴다. 이 때 한 바퀴 회전하는 것을 한 사이클(cycle)이라하며, 한 사이클에 필요한 시간을 주기(T)라 한다. 초당 사이클의 수를 주파수(f)라 정의하며, 주파수는 주기 T의 역수이다. 주파수에 사용되는 단위는 Hz, kHz(10^3 Hz), MHz(10^6 Hz), GHz(10^9 Hz) 등을 사용한다.

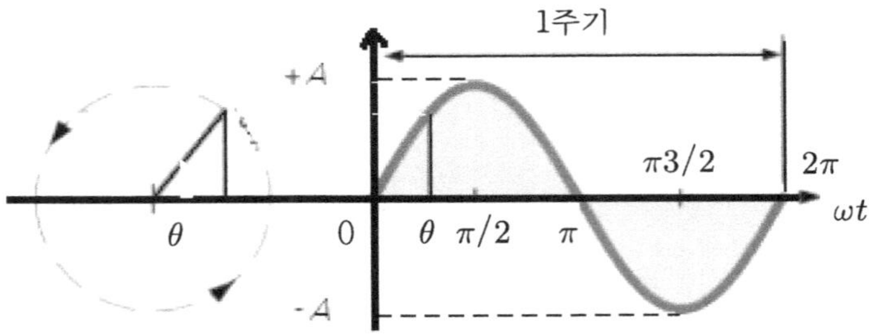

그림 5.1 회전 벡터의 수직성분을 이용한 정현파 발생

회전상태를 각속도로 나타내면 원주상에서 한 점이 한바퀴 회전할 때 2π 라디안이 되며, 이때 시간 T초가 걸리면 주기는 T초가 되고 주파수 f는 $1/T$ Hz가 된다. 만일 초기위상 0° 로 회전하는 벡터의 길이를 A라 하면 임의의 시각 t에서 순시값 $v(t)$는 $A\sin\omega t$이다. 여기서 A는 정현파의 진폭 혹은 첨두치(peak amplitude)라고 한다.

정현파에 대한 일반적인 표현식은 위상 ϕ를 고려해야 한다. 즉 순시값은

$$v(t) = A\sin(\omega t + \phi) \quad \text{볼트} \tag{5.1}$$

로 표현된다. 여기서 주파수 f, 각주파수 ω, 주기 T의 관계는 다음과 같다.

$$\omega = 2\pi f \quad \text{라디안/초} \tag{5.2a}$$

$$f = \frac{1}{T} \quad \text{Hz} \tag{5.2b}$$

동일한 주파수를 가지면서 각기 다른 시간에 원점을 지나는 두 정현파들은 위상이 어긋난다(out of phase)고 말하며, 회전하는 두 벡터 사이의 위상 차이를 단순히 위상차(phase difference)라 한다. 예로써 [그림 5.2]의 두 정현파 전압 v_1과 v_2를 생각해 보자. 정현파 전압 v_2는 전압이 0 V가 되는 원점을 통과하는 전압 v_1보다 위상이 앞서고 있으므로, 두 전압 사이에 위상차는 ϕ가 된다. 두 개의 정현파가 같은 주파수를 갖는다면, 그들 사이의 관계는 단지 위상차만으로 나타낼 수 있다.

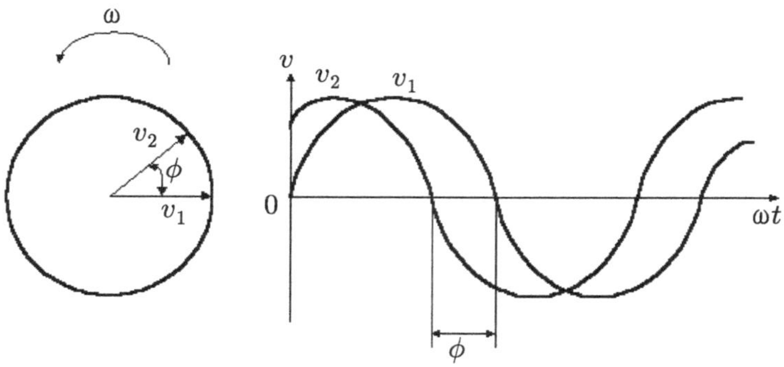

그림 5.2 두 정현파 전압 사이의 위상차

하나의 정현파 전압은 같은 주파수를 갖는 다른 신호와 비교되지 않는다면, 일반적으로 주파수와 진폭에 의해서 완전하게 나타낼 수 있다.

1-2) 삼각파, 사각파, 톱니파, 펄스파

신호를 다룰 때 가장 많이 사용되는 시간 의존 신호 중의 한 가지 형태가 주기신호(periodic signal)이다. 주기 신호는 실제 응용에 자주 나타나는 현상을 근사화하는데 유용하게 사용된다.

시각 t 상에서 주기를 T라 하면 주기신호는 다음과 같은 성질을 갖는다.

$$x(t) = x(t \pm nT),\ n = 1,\ 2,\ 3,\ \ldots \tag{5.3}$$

[그림 5.3]은 전기전자 회로를 다루는데 많이 사용되는 대표적인 주기 신호인 사각파(square wave), 삼각파(triangle wave), 톱니파(sawtooth wave), 펄스파(pulse wave)를 보여주고 있다. 여기서는 $'t \geq 0'$의 영역에서만 도시되었다.

이들 파형은 함수발생기(function generator)에 의해 전압의 형태로 발생될 수 있으며, 함수발생기에서는 파형의 최대진폭과 주기의 선택이 가능하다. 펄스는 사각파의 특별한 형태이며, 때로는 이들 파형을 같이 취급하기도 한다.

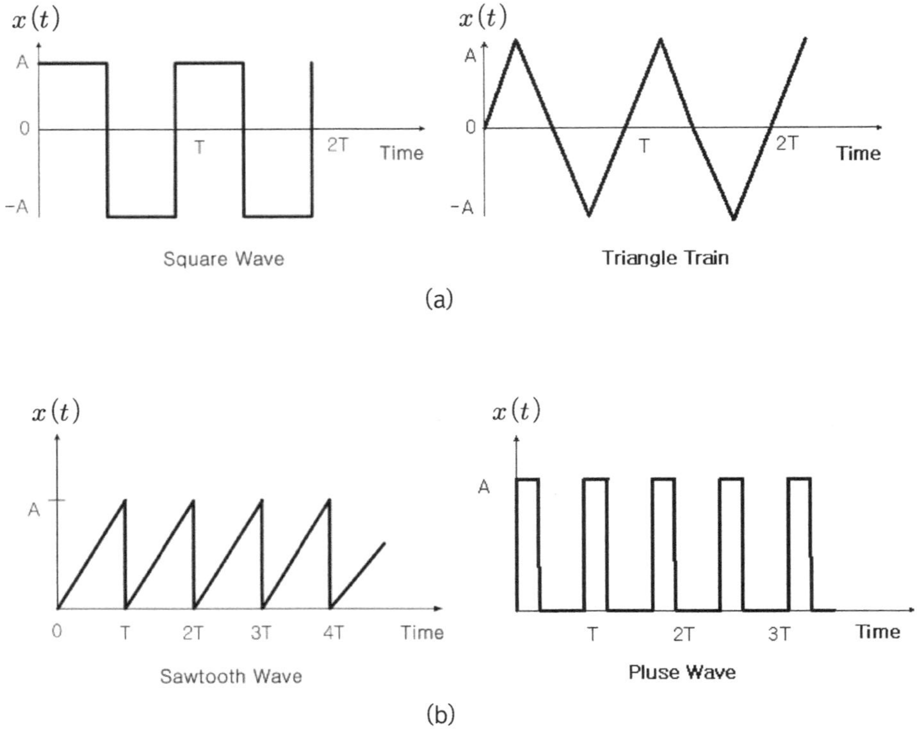

그림 5.3 전기전자 회로에서 많이 사용되는 대표적인 주기신호 파형의 예
(a) 사각파와 삼각파, (b) 톱니파와 펄스파

2) 함수발생기 사용법

[그림 5.4]는 Agilent사에서 함수발생기 33220A 모델의 외형을 보여준다. 이 모델은 정현파, 삼각파(톱니파 포함), 사각파 등을 발생시킨다[10].

이 함수발생기는 20 MHz 주파수 범위에서 정현파, 사각파, 램프파, 삼각파, 잡음, DC(직류)를 발생시킬 수 있다. 그리고 DC 옵셋 인가 기능을 이용하여 적절한 바이어스 레벨을 포함시킨 파형도 발생시킬 수 있다.

또한 이 기기는 14비트, 50 MSa/s, 64 Kpoint 임의 파형, AM, FM, PM, FSK, PWM 변조 형태의 파형과, 선형 및 로그 스위프 신호도 발생시킬 수 있다.

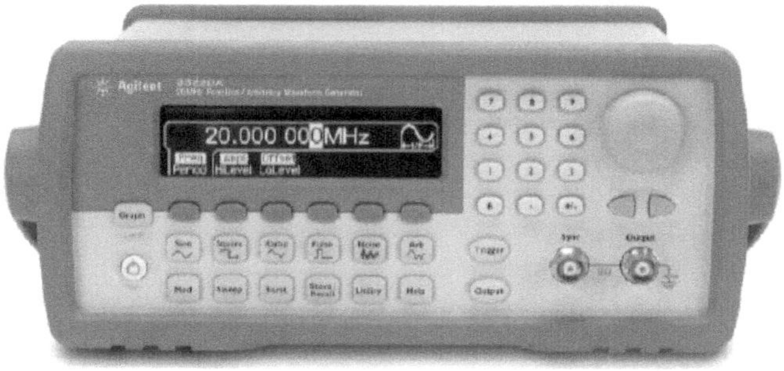

그림 5.4 함수발생기 외형(Agilent사의 33220A 모델)의 예

❖ 함수발생기 사용 절차

① 전원 케이블을 함수발생기에 연결한다.

② 단자에 케이블을 연결한다.

③ 출력하고자 하는 파형(사각파, 삼각파, 펄스파, 정현파 등)을 선택한다.

④ 설정 손잡이 및 숫자 버튼능 사용하여 원하는 주파수와 진폭을 선택한다. 필요시 화면의 하단에 위치해 있는 'Menu Operation Softkey'를 눌러 단위를 설정한다.

⑤ 'Output' 버튼을 눌러 신호를 발생시킨다.

⑥ 오실로스코프로 파형을 관찰한다.

5.2 실험준비

1) 실험기기 및 부품

- 함수발생기 : 1대
- 오실로스코프 : 1대
- 멀티미터 : 1대

2) 기타 실험준비

- 없음

5.3 실험방법

본 실험은 조교의 간단한 도움으로 함수발생기에서 발생되는 정현파, 삼각파, 사각파를 단순히 오실로스코프에 디스플레이시켜 보는 것으로 제한하고자 한다.

❖ 실험 절차는 다음과 같다.

① 함수발생기의 전원 단자를 'on'시킨다.
② 함수발생기의 출력단자에 커넥터를 고정시키고 이를 오실로스코프의 입력단자와 연결시킨다.
③ 함수발생기에서 적절한 전압과 주파수를 갖는 정현파를 발생시킨다.
④ 조교의 도움으로 오실로스코프의 화면에 나타난 파형을 [그림 5.5]에 나타난 '가로축 - 세로축'의 2차원 평면에 그린다. 이 때 가로축과 세로축에 정확한 위치 값을 기재한다. 즉 가로축에는 시각, 세로축에는 전압값을 기재한다.
⑤ 함수발생기에서 적절한 크기의 삼각파를 발생시킨 후 오실로스코프의 화면에 나타난 파형을 [그림 5.6]에 나타난 '가로축 - 세로축'의 2차원 평면에 그린다.
⑥ 함수발생기에서 사각파를 발생시킨 후 오실로스코프의 화면에 나타난 파형을 [그림 5.7]에 나타난 '가로축 - 세로축'의 2차원 평면에 그린다.

5.4 실험결과

실험결과를 손으로 그래프를 그리거나 혹은 카메라로 촬영한 다음 컴퓨터로 처리하여도 무방하다. 손으로 그래프를 그리는 것을 가정하여 여기에서는 실험 절차를 설명하였다.

5.5 검토

실험결과를 토대로 정현파, 사각파, 삼각파의 개념을 다시 한 번 정리한다.

그림 5.5　관측된 정현파의 파형

그림 5.6　관측된 삼각파의 파형

그림 5.7 관측된 사각파의 파형

내용

- 회로이론의 기본법칙과 원리
- 저항의 직렬회로와 병렬회로

회로이론의 기본법칙과 원리

2

PART

실험 6. 오음의 법칙과 저항의 직렬 및 병렬 회로

목적

- ✓ 오음의 법칙을 이해한다.
- ✓ 저항의 직렬연결 회로와 병렬연결 회로 각각에서 합성저항, 전압과 전류의 관계를 이해한다.

6.1 관련이론

1) 오음의 법칙

저항이란 전류의 흐름을 방해하는 성질 혹은 방해하는 소자를 말한다. [그림 6.1]과 같이 저항 양단에 전압을 인가하면 이 저항을 흐르는 전류는 저항의 크기에 반비례한다.

즉 저항 R의 양단을 흐르는 전류의 세기 I는 저항 양단에 인가된 전압의 크기 V에 비례하고 저항의 크기 R에 반비례한다. 이것을 오음의 법칙이라 한다. 오음의 법칙을 수식으로 표시하면 다음과 같다.

$$I = \frac{V}{R} = GV \tag{6.1}$$

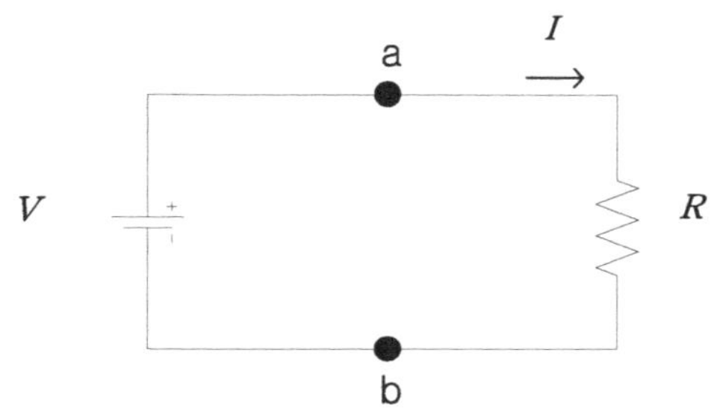

그림 6.1 오음의 법칙을 설명하기 위한 회로

식 (6.1)에서 저항의 역수, 즉 $G(=1/R)$를 컨덕턴스(conductance)라 부른다. 컨덕턴스의 단위는 저항 단위의 역인 mho[℧]이다. 저항R 대신 임의의 합성 임피던스 Z라도 식 (6.1)은 성립한다.

2) 저항의 직렬연결 회로

[그림 6.2]와 같이 N개의 저항이 직렬연결(serial connection)된 회로를 생각하자. 이 때 각 저항을 흐르는 전류를 $I_1, I_2, \ldots, I_{N-1}, I_N$이라 하자. 아울러 N개가 직렬 연결된 회로의 양단에 전압 V_s를 인가하였다고 가정하자.

이 회로에서 흐를 수 있는 전류의 통로는 하나 밖에 없다. 따라서 각 저항을 흐르는 전류는 아래 식 (6.2)와 같이 모두 동일해야 한다.

$$I_1 = I_2 = \ldots = I_{N-1} = I_N \tag{6.2}$$

즉 N개의 저항을 흐르는 전류는 모두 같아야 한다. 이 때 전류의 세기를 I, 즉 $I = I_i \ (i = 1, 2, \ldots, N)$라 하자. 단자 'a-b'의 왼쪽에서 인가되는 전압 V_s는 'a-b' 단자의 오른쪽에 있는 N개의 저항에서 강하되는 전압의 합과 같아야 된다(키르히호프 법칙에서 자세히 설명됨). 식 (6.2)를 이용하면

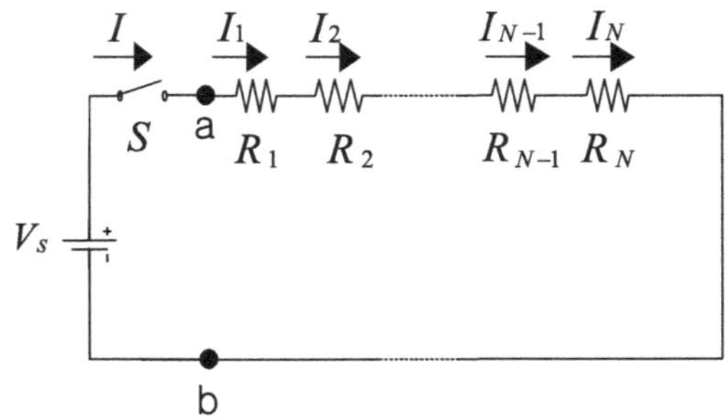

그림 6.2 N개의 저항을 직렬 연결한 회로

$$V_s = R_1 I_1 + R_2 I_2 + \ldots + R_{N-1} I_{N-1} + R_N I_N$$
$$= (R_1 + R_2 + \ldots + R_{N-1} + R_N) I$$
$$= RI \tag{6.3}$$

의 관계가 성립된다. 여기서 R은

$$R = R_1 + R_2 + \ldots + R_{N-1} + R_N \tag{6.4}$$

을 나타내며, 이 R을 직렬회로의 합성저항이라 부른다. 즉 합성저항 R을 이용하여 [그림 6.2]의 등가회로를 도시하면 [그림 6.3]과 같다. 식 (6.3)으로 부터 전류 I는

$$I = \frac{V_s}{R} \tag{6.5}$$

이 된다.

식 (6.4)는 직렬로 연결된 N개 저항의 합성저항(혹은 등가저항)은 각 저항의 대수합과 같다는 것을 의미한다.

그리고 각 저항 R_i의 양단에 걸리는 전압 V_{R_i}는

$$V_{R_i} = IR_i = \frac{R_i}{R} V_s \tag{6.6}$$

가 된다.

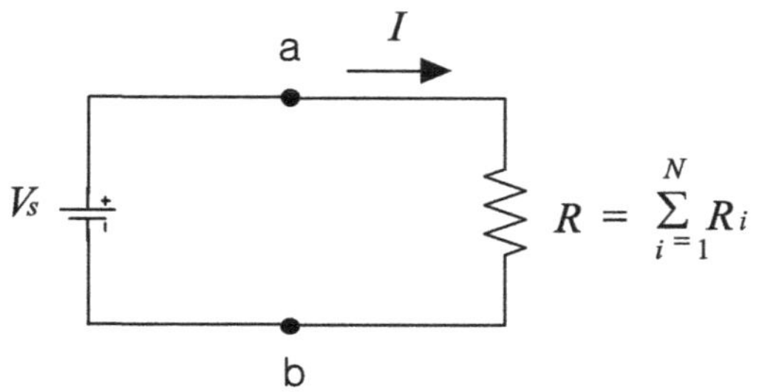

그림 6.3 N개의 저항이 직렬로 연결된 회로의 등가회로

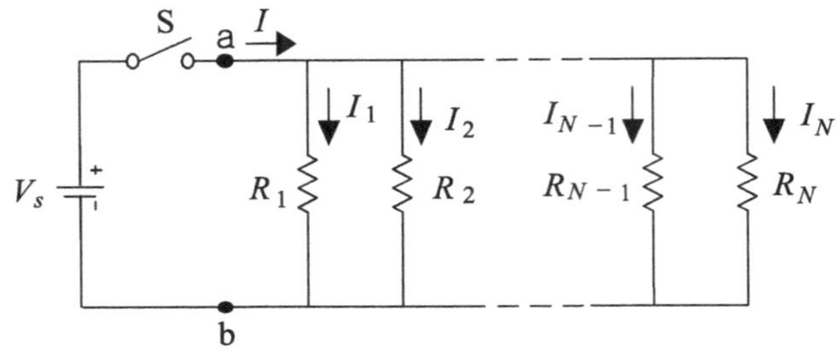

그림 6.4 *N*개의 저항이 병렬로 연결된 회로

3) 저항의 병렬연결 회로

[그림 6.4]와 같이 N개의 저항이 병렬연결(parallel connection)된 경우를 생각하자. 그리고 병렬로 연결된 저항의 양단에 전압 V_s를 인가하였다고 가정하자. 이 때 저항 $R_1, R_2, \ldots, R_{N-1}, R_N$에 흐르는 전류를 각각 I_1, I_2, $\ldots$, I_{N-1}, I_N이라 하면, 이들은 오옴의 법칙인 식 (6.1)로부터 다음과 같이 구할 수 있다.

$$I_1 = \frac{V_s}{R_1}, I_2 = \frac{V_s}{R_2}, \ldots, I_{N-1} = \frac{V_s}{R_{N-1}}, I_N = \frac{V_s}{R_N} \tag{6.7}$$

[그림 6.4]의 회로에서 'a-b' 단자 우측으로 흘러가는 전류 I는 'a-b'단자 우측의 N개 저항으로 분산되어 흐른다. 즉 전류 I는

$$I = I_1 + I_2 + \ldots + I_{N-1} + I_N \tag{6.8}$$

이 된다. 식 (6.7)과 (6.8)로부터 전체 전류 I는

$$\begin{aligned} I &= I_1 + I_2 + \ldots + I_{N-1} + I_N \\ &= \left(\frac{1}{R_1} + \frac{1}{R_2} + \ldots + \frac{1}{R_{N-1}} + \frac{1}{R_N}\right) V_s \\ &= \frac{V_s}{R} \end{aligned} \tag{6.9}$$

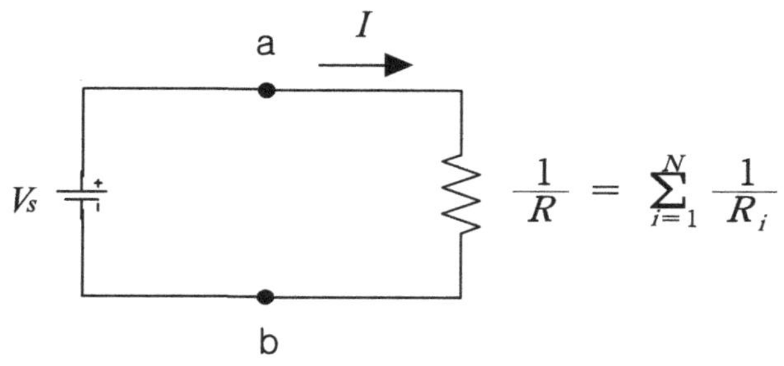

그림 6.5 *N*개의 저항이 병렬로 연결된 회로의 등가회로

의 관계가 성립된다. 여기서 R은

$$\frac{1}{R} = \frac{1}{R_1} + \frac{1}{R_2} + \ldots + \frac{1}{R_{N-1}} + \frac{1}{R_N} \tag{6.10}$$

의 관계가 있으며, 식 (6.10)으로 표현되는 R을 N개 저항으로 구성된 병렬회로의 합성저항이라 부른다.

식 (6.10)의 관계를 이용하여 [그림 6.4]의 등가회로를 그리면 [그림 6.5]와 같다. 즉 병렬로 연결된 N개 저항회로의 합성저항 R의 역수는 각 저항의 역수의 합과 같다.

6.2 실험준비

1) 실험기기 및 부품

- 저항: 1 ㏀ 4개, 2 ㏀ 2개, 4.7 ㏀ 2개, 10 ㏀ 2개
- 브레드보드: 1대
- 전원공급기: 1대
- 멀티미터: 1대
- 오실로스코프: 1대

2) 기타 실험준비

- [그림 6.6]을 참고로 [표 6.1]의 이론값을 구한다. 여기서 V_s는 직류 10 V로 한다. 합성저항 R은 식 (6.4), 전류 I는 식 (6.5), 각 저항에 걸리는 전압은 식 (6.6)을 이용하여 구한다.
- [그림 6.7]을 참고로 [표 6.2]의 이론값을 구한다. 여기서 V_s는 직류 10 V로 한다. 합성저항 R은 식 (6.10), 각 저항을 흐르는 전류는 식 (6.7), 합성전류 I는 식 (6.8)을 이용하여 구한다.

6.3 실험방법

1) 저항의 직렬연결 회로

두 개의 저항이 직렬로 연결된 회로에서 이들의 합성저항, 각 저항을 흐르는 전류, 각 저항에 인가되는 전압에 관한 실험을 수행하고자 한다. 실험절차는 아래와 같다.

① 저항 R_1(1㏀), R_2(1㏀)을 선택하여 [그림 6.6]의 회로를 구성한다. 이 때 V_s는 직류전압 10 V로 한다.

② 스위치 S를 개방(OFF)한 상태에서 멀티미터의 스위치를 저항 영역에 두고, R_1(1㏀), R_2(1㏀)의 합성저항 R을 측정하여 [표 6.1]에 기록한다.

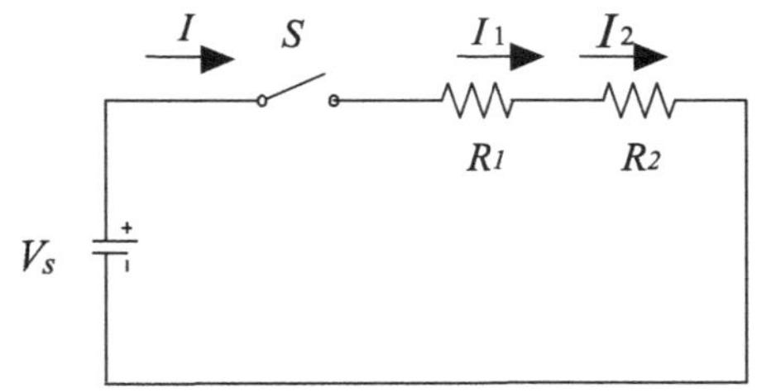

그림 6.6 2개 저항으로 구성된 직렬회로

③ 멀티미터의 스위치를 전류부분에 놓는다.

④ 멀티미터의 '+'단자를 개방된 스위치의 왼쪽(전원쪽)에, '-'단자를 스위치의 오른쪽(저항 R_1의 왼쪽) 부분에 연결하고 직렬회로에 흐르는 전류 I를 측정하여 [표 6.1]에 기록한다.

⑤ 스위치 S를 닫는다.

⑥ 멀티미터의 스위치를 직류전압측정 범위에 둔다.

⑦ 저항 R_1과 R_2에 걸리는 전압 V_{R_1}과 V_{R_2}를 측정하여 [표 6.1]에 기록한다.

⑧ 저항 R_2를 [표 6.1]에 기록된 값으로 하나씩 대체하면서 ② ~ ⑦의 과정을 반복한다.

⑨ 측정값을 이론값과 비교한다.

2) 저항의 병렬연결 회로

두 개의 저항을 병렬로 연결시킨 [그림 6.7]의 회로에서 이들의 합성저항, 각 저항을 흐르는 전류, 전체전류를 측정하는 실험을 수행하고자 한다. 실험절차는 다음과 같다.

① 저항 R_1(1㏀), R_2(1㏀)를 선택하여 [그림 6.7]의 회로를 구성한다. 이 때 V_s는 직류전압 10 V로 한다.

② [그림 6.7]의 회로에서 스위치 S를 개방(OFF)하고 스위치 S1과 S2를 단락(close)한 상태에서, 멀티미터의 스위치를 저항영역에 두고, R_1, R_2의 병렬 합성저항 R을 측정한 후 [표 6.2]에 기록한다.

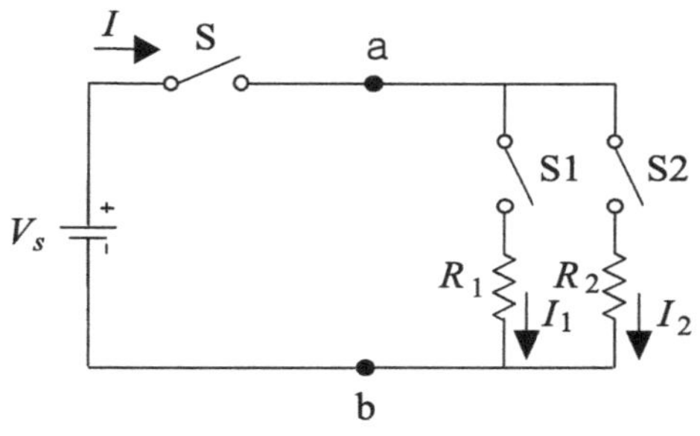

그림 6.7　2개 저항으로 구성된 병렬회로

③ 멀티미터의 스위치를 전류부분에 놓는다.

④ 멀티미터의 '+'단자(빨간색)를 개방된 스위치의 왼쪽(전원쪽)에, '-'단자(검은색)를 개방된 스위치의 오른쪽에 연결하고 병렬회로를 흐르는 합성전류 I를 측정한 후 [표 6.2]에 기록한다.

⑤ 스위치 S를 닫고, 스위치 S1과 S2를 이용하여 저항 R_1과 R_2를 흐르는 전류를 측정하여 [표 6.2]에 기록한다. 이때 저항 R_1을 흐르는 전류를 측정하고자할 때는 스위치 S_2를 닫고 스위치 S_1을 개방한 상태에서 멀티미터의 + 단자를 전원에 가까운 스위치 S_1 쪽에, 멀티미터의 - 단자를 저항 R_1 쪽에 연결한다. 그리고 전류 I_2를 측정할 때는 스위치 S_1을 닫고 S_2를 개방한 상태에서 멀티미터의 +단자는 전원에 가까운 스위치 쪽에, - 단자는 저항 R_2쪽에 연결한다.

⑥ R_2를 [표 6.2]에 나타난 값으로 하나씩 대체하면서 ② ~ ⑤의 과정을 반복한다.

⑦ 측정값을 이론값과 비교한다.

⌘ 위의 2가지 실험에서 전압, 저항의 크기는 지도교수나, 조교 선생님의 지시에 따라 적절한 다른 값으로 대체하여도 무방함.

6.4 실험결과

표 6.1 직렬회로의 합성저항 실험결과

R_1 (kΩ)	R_2 (kΩ)	합성저항 R(kΩ)		전류 I		전압 V_{R_1}(V)		전압 V_{R_2}(V)	
		이론값	측정값	이론값	측정값	이론값	측정	이론값	측정값
1	1								
1	2								
1	4.7								
1	10								

표 6.2 병렬회로의 합성저항 실험결과

R_1 (kΩ)	R_2 (kΩ)	합성 저항 R(kΩ)		전체전류 I		I_{R_1}(mA)		I_{R_2}(mA)	
		이론값	측정값	이론값	측정값	이론값	측정	이론값	측정값
1	1								
1	2								
1	4.7								
1	10								

6.5 검토

이론적으로 구한 값과 측정값을 비교해 본다. 오차가 있으면 원인분석을 하고 오차를 제거할 수 있는 방법이 있는지를 검토한다.

실험 7. 저항의 직병렬 혼합회로

목적

✓ 저항을 사용한 직렬과 병렬의 혼합회로에서 전압-전류 관계를 이해한다.

7.1 관련이론

저항으로 구성된 직병렬 혼합회로의 전체 저항, 전체 전류, 각 저항에 걸리는 전압, 각 저항을 흐르는 전류를 살펴보기로 한다. [그림 7.1]의 회로를 참고하자.

그림 [7.1]에서 저항 R_2와 R_3는 병렬로 연결되어 있으며, 병렬 연결된 부분은 다시 저항 R_1과 직렬로 연결되어 있다.

회로 전체를 해석하기 위해 우선 [그림 7.1] 회로의 등가회로를 구해보자. 먼저 R_2와 R_3의 병렬 합성저항을 R_{23}라 할 때, 이는 '실험6'의 식 (6.10)으로부터

$$\frac{1}{R_{23}} = \frac{1}{R_2} + \frac{1}{R_3} \quad \text{혹은} \quad R_{23} = \frac{R_2 R_3}{R_2 + R_3} \tag{7.1}$$

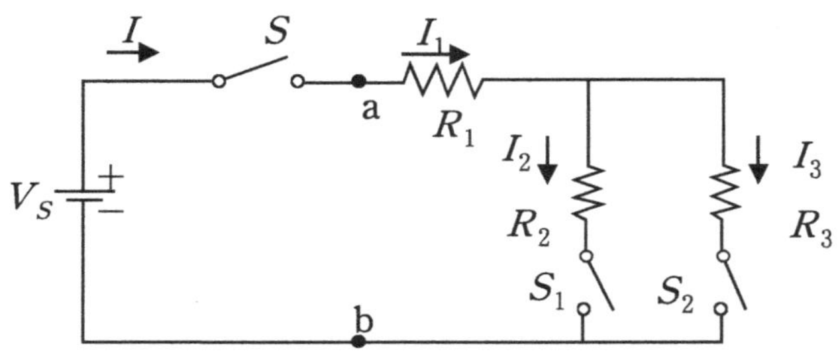

그림 7.1 3개의 저항으로 구성된 직병렬 혼합회로

와 같이 구할 수 있다. 다음 R_{23}과 R_1은 직렬로 연결되어 있다. 이들의 합성저항 R을 '실험 6'의 식 (6.4)로부터

$$\begin{aligned} R &= R_1 + R_{23} \\ &= R_1 + \frac{R_2 R_3}{R_2 + R_3} = \frac{R_1 R_2 + R_2 R_3 + R_3 R_1}{R_2 + R_3} \end{aligned} \quad (7.2)$$

와 같이 구할 수 있다.

식 (7.2)의 합성저항을 바탕으로 [그림 7.1] 회로의 등가회로를 그리면 [그림 7.2]와 같다. 여기서 기호 '//'는 병렬합성저항을 의미한다. 따라서 전체 전류 I는 오옴의 법칙에 의해

$$I = \frac{V_s}{R} \quad (7.3)$$

와 같이 구할 수 있다. 즉 전류 I는 [그림 7.1]에서 저항 R_1을 흐르는 전류 I_1과 같다. 그러므로 저항 R_2와 R_3의 병렬연결회로 부분에 걸리는 전압을 V_{23}라 하면 이 값은 전원 V_s에서 저항 R_1에서 강하되는 전압을 뺀 값이 된다. 즉

$$V_{23} = V_s - IR_1 \quad (7.4)$$

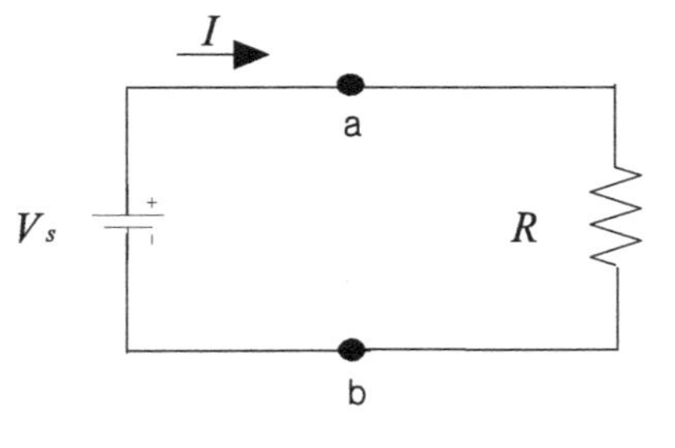

$R = R_1 + R_2 \,//\, R_3$

그림 7.2 [그림 7.1]의 등가회로

이다. 전압 V_{23}가 구해지면 R_2와 R_3를 흐르는 전류는 오옴의 법칙으로부터 구할 수 있다. 즉 R_2와 R_3를 흐르는 전류를 각각 I_2, I_3라 하면, 이들 전류는

$$I_2 = V_{23}/R_2 \tag{7.5}$$

$$I_3 = V_{23}/R_3 \tag{7.6}$$

이 된다.

7.2 실험준비

1) 실험기기 및 부품

- 저항: 1 ㏀ 6개, 4.7 ㏀ 4개, 10 ㏀ 4개
- 브레드보드: 1개
- 전원공급기:1대
- 멀티미터: 1대
- 오실로스코프: 1대

2) 기타 실험준비

- [그림 7.1]을 참고로 [표 7.1]에서 이론값을 구한다. 여기서 합성저항 R은 식 (7.2), 전체 전류 I는 식 (7.3)을 이용한다.
- [그림 7.1]을 참고로 [표 7.2]에서 이론값을 구한다. 여기서 병렬저항에 걸리는 전압 V_{23}는 식 (7.4), 전류 I_2와 I_3는 각각 식 (7.5)와 (7.6)을 이용한다.

7.3 실험방법

직병렬 혼합회로의 합성저항, 전압-전류 관계를 실험하기 위해 [그림 7.1]의 회로를 이용하기로 한다. 실험절차는 아래와 같다.

① 3개 저항 R_1(1㏀), R_2(1㏀), R_3(1㏀)를 선택하여 [그림 7.1]의 회로를 구성한다. 이때 전원 V_s는 직류전압 10 V로 한다.

② [그림 7.1] 회로에서 스위치 S를 개방(OFF)하고 스위치 S_1과 S_2는 단락(ON)한 상태에서 전체 합성저항 R을 멀티미터로 측정하여 [표 7.1]에 기록한다.

③ 스위치 S 부분의 양쪽을 전류계에 연결하여 전체 전류 I를 측정하여 [표 7.1]에 기록한다.

④ 스위치 S를 닫고 병렬저항 R_2와 R_3의 양단에 걸리는 전압 V_{23}를 측정한 후 [표 7.2]에 기록한다.

⑤ 스위치 S를 닫고 스위치 S_1과 S_2 부분을 이용하여 병렬저항 R_2와 R_3를 흐르는 전류 I_1, I_2를 측정하여 [표 7.2]에 기록한다.

⑥ 저항 R_2, R_3를 [표 7.1] 혹은 [표 7.2]에 기재된 값으로 변화시키면서 ② ~ ⑤의 과정을 반복한다.

⑦ 이론값과 측정값을 비교하여 본다.

⌘ 위의 실험에서 전압, 저항의 크기는 지도교수나, 조교 선생님의 지시에 따라 적절한 다른 값으로 대체하여도 무방함.

7.4 실험결과

표 7.1 직병렬 합성저항회로의 실험결과 1

저항값 (kΩ)			합성저항 R (kΩ)		전체 전류 I (mA)	
R_1	R_2	R_3	이론값	측정값	이론값	측정값
1	1	1				
1	4.7	4.7				
1	10	10				

표 7.2 직병렬 합성저항회로의 실험결과 2

저항값 (kΩ)			전압 V_{23} (V)		I_1 [mA]		I_2 [mA]	
R_1	R_2	R_3	이론값	측정값	이론값	측정값	이론값	측정값
1	1	1						
1	4.7	4.7						
1	10	10						

7.5 검토

측정값과 이론값을 비교해 본다. 오차가 있으면 오차가 일어난 원인분석을 한다.

실험 8. 테브난정리와 놀턴정리

목적

- ✓ 전기, 전자 회로에서 테브난등가회로를 이해한다.
- ✓ 전기, 전자 회로에서 놀턴등가회로를 이해한다.
- ✓ 테브난등가회로와 놀턴등가회로의 상호변환 방법을 익힌다.

8.1 관련이론

테브난정리와 놀턴정리는 어떤 능동 회로를 하나의 표준화된 등가회로로 단순화시켜 해석하는 방법을 제공한다. 많은 경우에 있어서 두 정리는 전류원이나 전압원 혹은 이들의 혼합된 전원을 갖고 있는 복잡한 저항으로 구성된 직병렬 혼합회로의 해석을 단순화하기 위해 사용되어진다.

1) 테브난정리

[그림 8.1] (a)의 점선부분과 같은 전원(전압원 혹은 전류원)을 포함하는 어떠한 저항성 회로도 [그림 8.1] (b)의 점선부분과 같이 간단한 하나의 등가전압원과 하나의 등가저항이 직렬 연결된 형태의 회로로 대체될 수 있다. 이것을 테브난정리라 한다. 이 때 (b)의 점선부분 회로를 (a)의 점선부분 회로에 대한 테브난등가회로라 한다. 여기서 V_T는 (a) 회로에서 단자 a와 b의 오른쪽을 개방한 상태에서 왼쪽 점선회로 부분에 대한 개방전압으로 정의되고, R_T는 a-b 단자의 오른쪽을 개방한 상태에서 점선부분에 대한 내부 등가저항으로 정의된다.

테브난 등가회로의 자세한 해석을 위해 [그림 8.1]의 (a)에서 점선 부분은 전원을 포함한 능동회로이며, 그림 (b)에서 점선부분은 (a)의 실제 회로에 대한 테브난등가회로라 하자. 이 두 회로가 등가가 되기 위해서는 다음의 두 가지 조건, 즉 전압과 전류에 대한 조건이 성립되어야 한다. 설명의 편리성을 위해 회로 (a)에서 단자 a와 b의 양단과 등가회로 (b)에서 단자 a와 b의 양단에 각각 크기가 같은 임의의 저항 R을 연결하였다고 가정하자.

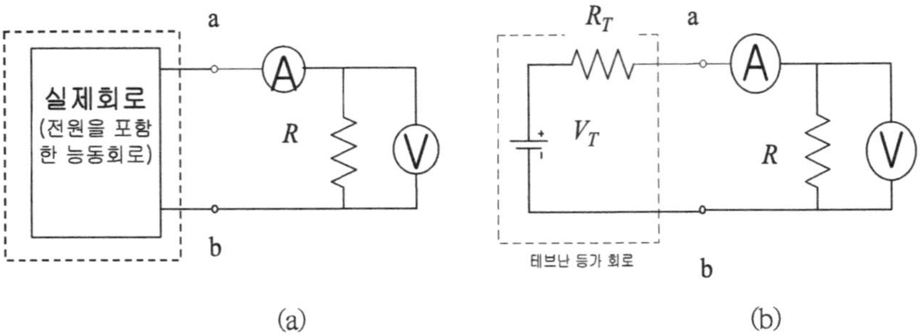

그림 8.1 테브난등가회로: (a) 능동 회로, (b) 테브난등가회로

이 때 (a)의 능동 회로에서 저항 R을 통해 흐르는 전류와 (b)의 회로에서 저항 R을 통해 흐르는 전류는 같아야 하며, 또한 이 상태에서 (a)의 능동 회로 a-b 양단에서 걸리는 전압과 (b) 회로의 a-b 양단에 걸리는 전압이 같아야 한다. 이러한 두 가지 조건이 성립될 때 (b)의 점선 부분 회로를 실제 (a)의 점선 부분 회로에 대한 테브난등가회로라 하고, V_T와 R_T를 각각 테브난 등가전압과 테브난 등가저항이라 한다. 이것을 일반화시키면, 위의 저항 R값이 ∞일 때 (a)와 (b)에서 R 양단에 걸리는 전압 또한 V_T와 같아야 하며, R값이 0일 때 (a)와 (b)에서 a-b 단락선로를 통해 흐르는 전류는 서로 같아야 한다.

2) 놀턴정리

[그림 8.2] (a)의 점선부분과 같이 전원을 포함하는 어떠한 저항성 회로도 [그림 8.2] (b)의 점선부분과 같이 간단한 하나의 등가전류원과 하나의 등가저항이 병렬로 연결된 형태의 회로에 의해 대체될 수 있다. 이것을 놀턴정리라 한다.

여기서 I_N은 (a) 회로에서 단자 a와 b의 오른쪽을 단락시킨 상태(R = 0)에서 단락회로를 흐르는 단락전류로 정의되고, R_N는 a-b 단자의 오른쪽을 개방한 상태에서 점선부분에 대한 내부 등가저항으로 정의된다. 놀턴등가회로를 [그림 8.2]를 참고로 자세히 설명하기로 한다.

[그림 8.2] (a)와 (b)의 점선부분에 있는 회로가 등가회로가 되기 위해서는 두 가지 조건이 성립되어야 한다. 즉 두 회로에서 a와 b의 우측에 각각 값이 동일한 임의의 저항 R을

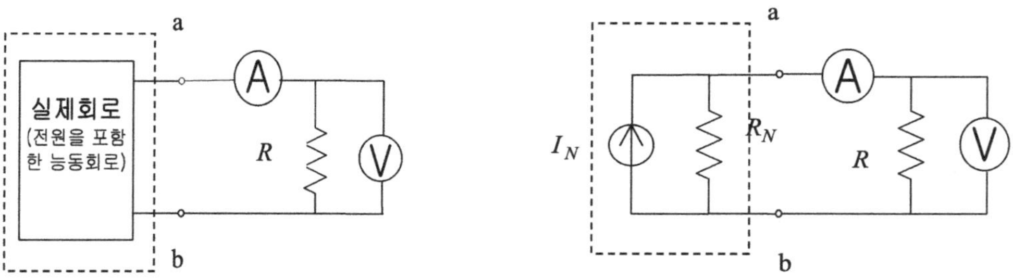

(a) (b)

그림 8.2 놀턴등가회로: (a) 능동 회로, (b) 놀턴등가회로

연결하였다고 가정하자. 이 때 실제 (a)의 회로에서 저항 R을 통해 흐르는 전류와 (b)의 회로에 부착된 저항 R을 통해 흐르는 전류는 같아야 하며, 또한 이 상태에서 실제 (a)의 회로 a-b 양단에서 걸리는 전압과 (b) 회로 a-b 양단에 걸리는 전압은 같아야 한다.

이러한 두 가지 조건이 성립될 때 (b)의 점선부분 회로를 실제 (a)의 점선부분 회로에 대한 놀턴등가회로라 한다. 이 때 전류 I_N과 저항 R_N을 각각 놀턴등가전류와 놀턴등가저항이라 한다. 이것을 일반화시키면, 위의 저항 R값이 ∞일 때 (a)와 (b)의 저항 R에 걸리는 전압은 서로 같아야 하며, R값이 0일 때 (a)와 (b)에서 단락선로를 통해 흐르는 전류는 서로 같아야 한다.

3) 테브난등가회로와 놀턴등가회로의 관계

우선 [그림 8.1]와 [그림 8.2]에서 각각 (a)회로는 동일한 회로라 가정하자. 이 때 테브난등가회로와 놀턴등가회로를 구할 수 있다. [그림 8.1]의 (b)와 [그림 8.2]의 (b)가 서로 등가회로가 되려면 어떤 관계가 유지되어야 하는지를 살펴보자. [그림 8.1] (b)와 [그림 8.2] (b)의 두 등가회로의 양쪽에 임의의 저항 R을 연결하더라도 두 등가회로의 R을 통해 흐르는 전류는 서로 같아야 하며, 또한 두 등가회로에서 R양단에 나타나는 전압도 서로 같아져야 할 것이다. 왜냐하면 이들은 동일한 회로에서 나온 등가회로이기 때문이다. 그러므로 저항 $R=\infty$일 때 두 등가회로 a-b 양단에 나타나는 전압은 서로 같아야 하며, 저항 $R=0$일 때 두 등가회로에서 a-b 양단의 단락선로를 흐르는 전류 또한 서로 같아야 한다. 따라서 $R=\infty$일 경우 놀턴등가회로에서 a-b 양단에 나타나는 전압 $I_N R_N$과 테브난등가회로에서 a-b 양단에 나타나는 전압 V_T는 서로 같아야 한다. 즉 $V_T = I_N R_N$이 성립되어야 한다. 한편 저항이 $R=0$일 경우도 놀턴등가회로의 a-b 양단을 흐르는 전류 I_N은 테브난등가회로의 a-b 양단을 흐르는 전류 V_T/R_T와 같아야 한다. 즉 $I_N = V_T/R_T$가 성립되어야 한다. 두 관계식 $V_T = I_N R_N$과 $I_N = V_T/R_T$에서 $R_N = R_T$가 성립되어야 한다.

위의 관계를 다시 정리하여 보자. 먼저 테브난등가회로를 놀턴등가회로로 변환하려면

$$I_N = V_T/R_T \tag{8.1}$$

$$R_N = R_T \tag{8.2}$$

로 대체하면 된다. 한편 놀턴등가회로를 테브난등가회로로 변환하려면

$$V_T = I_N R_N \tag{8.3}$$

$$R_T = R_N \tag{8.4}$$

으로 대체하면 된다.

8.2 실험준비

1) 실험기기 및 부품

- 저항: 1 ㏀ 3개, 2 ㏀ 2개
- 브레드보드: 1대

- 전원공급기: 1대
- 오실로스코프: 1대
- 멀티미터: 1대

2) 기타 실험준비

- [표 8.1]에서 V_T, R_T, I_N의 이론값을 각각 식 (8.5), (8.6), (8.7)을 이용하여 구한다.

8.3 실험방법

테브난등가회로와 놀턴등가회로에 대한 실험을 아래의 순서에 따라 수행한다.

① 저항 R_1, R_2, R_3를 각각 모두 1 ㏀으로 선택한 후 [그림 8.3]의 회로를 구성한다. 이 때 전원 V_s는 직류전압 10 V로 한다.

② 스위치 S를 닫고 단자 'a-b' 사이의 개방전압 V_T를 측정하여 [표 8.1]에 기록한다.

③ 스위치 S를 닫고 단자 'a-b '사이의 단락 전류 I_N를 측정하여 [표 8.1]에 기록한다.

④ 저항 R_1, R_2, R_3를 각각 2 ㏀, 2 ㏀, 1 ㏀으로 대체하고 위의 ②와 ③의 과정을 반복한다.

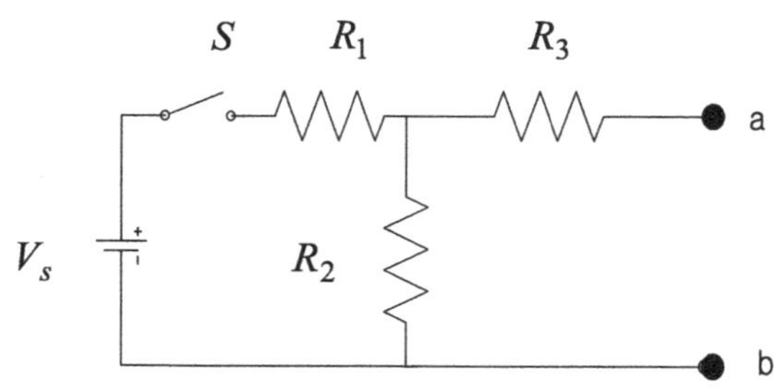

그림 8.3 테브난과 놀턴 등가회로 실험을 위한 회로

⑤ 측정된 V_T와 I_N을 이용하여 등가저항($R_N = R_T = V_T / I_N$)을 구하여 [표 8.1]의 '측정값'에 기록한다.

⑥ 측정값을 중심으로 테브난등가회로와 놀턴등가회로를 [그림 8.4]에 그린다.

⑦ 이론값과 측정값 각각에 대해 테브난등가회로와 놀턴등가회로를 비교한다. 단 V_T, R_T, I_N의 이론적인 값은 각각 다음과 같다.

$$V_T = \frac{R_2}{R_1 + R_2} V_s \tag{8.5}$$

$$R_T = R_1 // R_2 + R_3 = \frac{R_1 R_2 + R_2 R_2 + R_3 R_1}{R_1 + R_2} \tag{8.6}$$

$$I_N = V_T / R_T = \frac{R_2}{R_1 R_2 + R_2 R_3 + R_3 R_1} V_s \tag{8.7}$$

⌘ 위의 실험에서 전압, 저항의 크기는 적절한 다른 값으로 대체하여도 무방함.

8.4 실험결과

표 8.1 테브난등가회로와 놀턴등가회로에 대한 실험결과

저항 (kΩ)			a-b 단자 개방 전압 V_T(V)		a-b 단자 단락 전류 I_N(mA)		등가저항 $R_T = R_N$(kΩ)	
R_1	R_2	R_3	이론값	측정값	이론값	측정값	이론값	측정값
1	1	1						
2	2	1						

(a) 테브난등가회로 (b) 놀턴등가회로

그림 8.4 테브난등가회로와 놀턴등가회로 그리기

8.5 검토

이론적으로 계산된 값과 측정에 의한 값의 각각에 대하여 테브난등가회로와 놀턴등가회로를 구하여 비교해 본다. 오차가 있으면 원인분석을 하고 오차를 제거할 수 있는 방안을 검토한다.

실험 9. 키르히호프 법칙과 브리지 회로

목적

✓ 회로이론에서 키르히호프의 전압법칙과 전류법칙을 이해한다.
✓ 브리지 회로의 특성을 이해하고 이 회로에 키르히호프법칙을 적용하여 해석해봄으로써 이 법칙의 활용능력을 향상시킨다.

9.1 관련이론

여기에서는 전기전자회로의 편리한 해석을 위해 사용되는 키르히호프(Kirchhoff)의 전류법칙과 전압법칙, 그리고 브리지 회로에 대한 살험을 수행하기로 한다.

1) 키르히호프 전류법칙

수동회로(passive circuit)에서 임의의 한 점(point)으로 유출입하는 전류의 대수합은 모든 순간에 0이다. 즉 수동 회로상의 한 점으로 유입하는 전류의 합은 이 점을 통해 유출하는 전류의 합과 같다. 이것을 키르히호프 전류법칙이라 한다. 이 법칙을 [그림 9.1]을 통해 자세히 살펴보자.

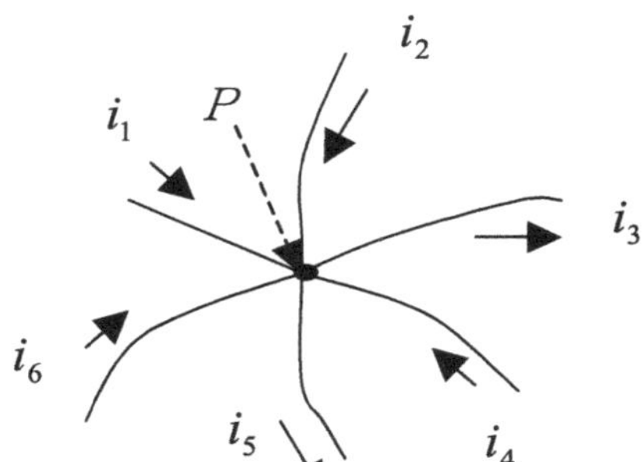

그림 9.1 키르히호프 전류법칙 설명도

점 P를 통해 들어오는 전류는 i_1, i_2, i_4, i_6이고, 이 점을 통해 나가는 전류는 i_3, i_5이다. 그러므로 점 P를 통해 유입하는 전류의 합은 '$i_1+i_2+i_4+i_6$'이고, 유출하는 전류의 합은 'i_3+i_5'이다. 따라서 '$i_1+i_2+i_4+i_6=i_3+i_5$'의 관계가 성립한다.

즉 유입하는 전류를 양(+)으로 간주하고, 유출하는 전류를 음(-)으로 간주하면 점 P를 통해 유출입하는 총 전류의 대수합은 식 (9.1)과 같이 표현된다.

$$i_1+i_2-i_3+i_4-i_5+i_6=0 \tag{9.1}$$

단 $i_n\ (n=1,2,...,6)$은 점 P를 유출입하는 전류의 절대값을 나타낸다. 만약 유출하는 전류를 양으로 잡으면 식 (9.1)의 등호 왼쪽의 부호를 모두 바꾸면 된다. 즉 키르히호프 전류법칙을 임의의 한 점에서 일반화시키면

$$\sum_n C_n i_n = 0 \tag{9.2a}$$

혹은

$$\sum \text{한 점으로 유입하는 전류} = \sum \text{한 점을 통해 유출하는 전류} \tag{9.2b}$$

와 같이 표현된다. 단 식 (9.2a)에서 C_n은 식 (9.1)에서 전류 i_n의 부호가 양이면 '+1', 음이면 '-1'이 된다.

위 식 (9.1)을 시각 t_1에서 t_2까지 적분하면

$$\int_{t_1}^{t_2}(i_1+i_2+i_4+i_6)dt-\int_{t_1}^{t_2}(i_3+i_5)dt=0 \tag{9.3}$$

이 된다. 이 식은 임의의 시간 '$t_1 \sim t_2$'동안 도선의 한 점으로 흘러 들어오는 전하량은 그 시간 동안 흘러 나가는 전하량과 같다는 것을 의미한다.

2) 키르히호프 전압법칙

임의의 폐회로에서 어느 한 방향을 따라 한 바퀴 돌면서 취한 전압상승 및 전압강하의 총 대수합은 항상 0이다. 즉 임의의 폐회로에서 한 쪽 방향으로 한 바퀴 돌면서 취한 전압 상승의 합은 같은 방향에서 취한 전압강하의 합과 같다. 이것을 키르히호프 전압법칙이라 한다. [그림 9.2]를 참고하여 자세히 살펴보자.

[그림 9.2]에서 화살표와 같이 시계방향으로 전압의 상승과 강하를 살펴보면 v_2, v_3가 상승전압이고 v_1, v_4가 강하전압이다. 즉 위 회로에서 시계방향으로 전압상승은 '$v_2 + v_3$'이고 전압강하는 '$v_1 + v_4$'이다. 따라서 '$v_2 + v_3 = v_1 + v_4$'가 된다. 이것을 다시 표시하면

$$-v_1 + v_2 + v_3 - v_4 = 0 \tag{9.4}$$

이 된다. 단 여기서 $v_i \ (i = 1, 2, \ldots, 4)$는 상승전압 혹은 강하전압의 절대값을 나타낸다. 키르히호프 전압법칙을 임의의 폐회로에서 일반화시키면

$$\sum_n D_n v_n = 0 \tag{9.5a}$$

혹은

$$\sum \text{임의의 폐루프에서 상승전압} = \sum \text{임의의 폐루프에서 강하전압} \tag{9.5b}$$

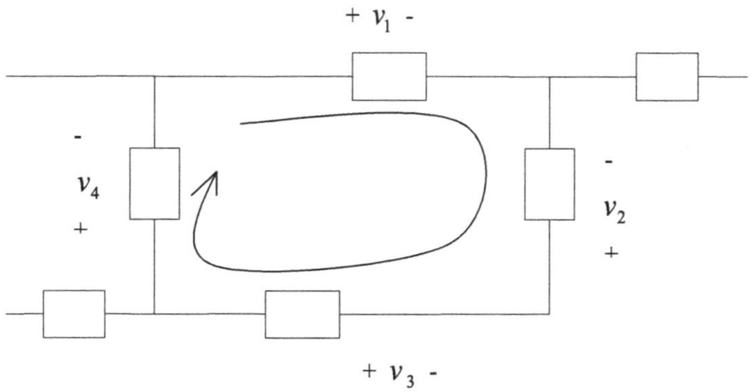

그림 9.2 키르히호프 전압법칙 설명을 위한 회로도

과 같이 표현된다. 단 식 (9.5a)에서 D_n은 전압 v_n이 상승전압이면 '+1', 강하전압이면 '-1'이 된다.

3) 브리지회로 해석

브리지라 함은 다리를 뜻하는 영어의 Bridge이다. 이는 다이아몬드 형의 철교에서 유래하여 그 이름을 따 온 것으로 알려져 있다. [그림 9.3]이 브리지회로의 한 가지로 휘스톤브리지라 한다.

[그림 9.3]에서 4개의 저항 R_1, R_2, R_3, R_x를 2개씩 대칭으로 접속하여 만들고 검류계를 점 c와 d 사이에 설치하여 전압을 가하면 회로에 전류가 흘러 각 저항에 전압강하가 발생한다. 여기서 저항 R_1, R_2는 알려진 값의 고정저항, R_3는 가변저항, R_x는 미지의 고정저항이다. 여기서 전류계 G가 접속된 중간지점인 c-d 에 전압이 같아지면 전위차는 "0 볼트"가 되어 전류계 G에는 전류가 흐르지 않아 전류계 지침은 중간을 지시한다. 이때 전위차는 평형이 되었다고 한다.

좀 더 자세히 살펴보면 [그림 9.3]에서 각 저항의 전압강하는 저항의 크기에 비례한다. 가변 저항 R_3를 적당히 조절해서 전류계에 전류가 흐르지 않으면 c점과 d점의 전위는 같다. 그러므로 a와 c 사이의 전위차와 a와 d 사이의 전위차는 같다. 즉 $V_{ac} = V_{ad}$이다.

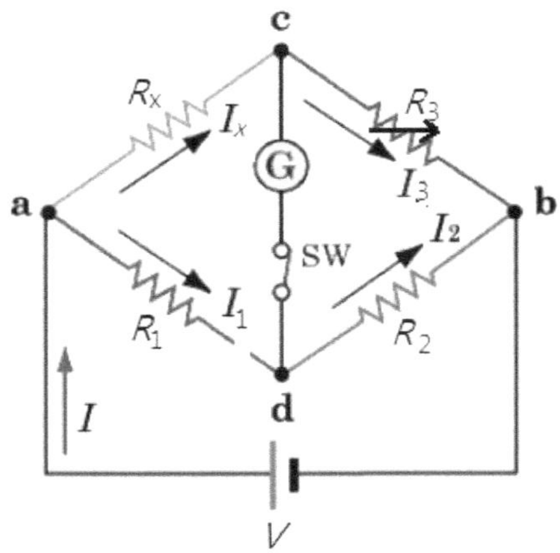

그림 9.3 휘스톤브리지 회로

마찬가지로 이 때 c와 b 사이의 전위차와 d와 b 사이의 전위차는 같으며, $V_{cb} = V_{db}$이 된다. 그러므로 휘스톤브리지 회로가 평형이 이루어질 때 $V_{ac} = V_{ad}$에서 $I_x R_x = I_1 R_1$이 되고 $V_{cb} = V_{db}$에서 $I_3 R_3 = I_2 R_2$가 된다. 여기서 $I_1 = I_2$, $I_x = I_3$이므로 $R_2 R_x = R_1 R_3$이다. R_1, R_2, R_3의 저항 값은 이미 알고 있으므로 R_x의 값은 다음과 같다.

즉

$$R_x = \frac{R_1 R_3}{R_2} \tag{9.6}$$

가 된다. 위와 같은 관계식 때문에 휘트스톤브리지 회로는 저항을 정밀하게 측정할 수 있는 회로이다. 또한 휘스톤브리지 회로는 일반적으로 변형 정도, 온도, 압력 등과 같은 물리량을 측정하는 변환기와 결합하여 사용되기도 한다. 서미스터는 온도가 변화할 때 저항값을 변화시킨다.

휘스톤브리지 회로는 균형상태 또는 불균형 상태에서 모두에서 동작된다. 이러한 동작조건은 응용되는 회로의 형태에 따라 달라진다.

휘스톤브리지 회로에서도 균형상태 또는 불균형 상태 여부에 관계없이 키르히호프의 전류법칙과 전압법칙은 성립한다. 각 노드 a, b, c, d에서 키르히호프 전류법칙이 성립하며, 또한 폐루프 a-b-d, a-c-d, b-c-d 각각의 폐루프에서 키르히호프 전압법칙이 성립된다. 예로써 노드 a에서 키르히호프 전류법칙을 적용하면 다음과 같다.

$$\begin{aligned} I &= I_1 + I_x \\ &= I_2 + I_3 \end{aligned} \tag{9.7}$$

또 다른 예로 폐루프 a-b-d에서 키르히호프 전압법칙을 적용하면 다음과 같다.

$$V = I_1 R_1 + I_2 R_2 \tag{9.8}$$

9.2 실험준비

1) 실험기기 및 부품

- 저항: 1 ㏀ 5개, 4.7 ㏀ 6개, 10 ㏀ 1개, 10 ㏀ 가변저항 1개
- 브레드보드 1대
- 전원공급기: 1대
- 멀티미터: 1대
- 오실로스코프: 1대

2) 기타 실험준비

- [표 9.1]에서 이론적인 값을 식 (9.9) ~ (9.11)을 이용하여 구한다. 이때 상승전압을 반시계 방향으로 취해야 하는데 전원은 $-V_s$의 값으로 기재하여야 한다. 만약 전원을 상승전압으로 취하고자 하는는 경우 식 (9.9) ~ (9.11)에 마이너스(-)를 취해야 한다.
- [표 9.2]에서 이론적인 값을 식 (9.12) ~ (9.15)를 이용하여 구한다. 단 식 (9.12)의 전류 I_1을 유입전류로하여 '+'값을 취하며, 식 (9.13), (9.14), (9.15)의 전류는 유출전류로 하여 '-'값을 취하라.

9.3 실험방법

1) 키르히호프 전압법칙

① 저항 R_1, R_2, R_3를 각각 1 ㏀, 1 ㏀, 1 ㏀으로 선택하여 [그림 9.4]의 회로를 구성한다. 이 때 전원 V_s는 직류 10 V로 한다.

② 스위치 S를 닫고 각 저항 R_1, R_2, R_3에 나타나는 전압을 측정하여 [표 9.1]의 측정값 부분에 기록한다. 이 때 전압의 극성에 유의하기 바란다.

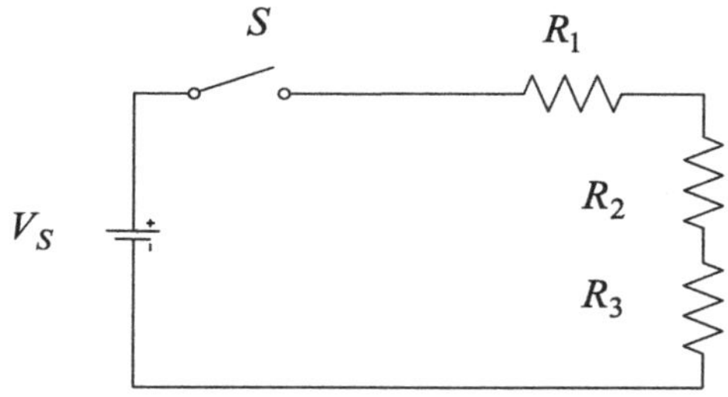

그림 9.4 키르히호프 전압법칙 실험을 위한 회로

③ 저항 R_1, R_2, R_3를 각각 1 kΩ, 4.7 kΩ, 4.7 kΩ으로 바꾸고 ②의 과정을 반복한다.

④ [그림 9.4]의 폐회로를 한 바퀴 돌면서 측정한 전압을 바탕으로 전압상승의 합과 전압강하의 합을 구한다. 이 때 전원공급기의 직류 전압의 극성을 상승방향으로 결정한다.

⑤ 이론값과 측정값 각각에 대해 키르히호프 전압법칙이 성립되는지를 살펴본다. 단 [표 9.1]의 이론값은

$$V_{R_1} = \frac{R_1}{R_1 + R_2 + R_3} V_s \tag{9.9}$$

$$V_{R_2} = \frac{R_2}{R_1 + R_2 + R_3} V_s \tag{9.10}$$

$$V_{R_3} = \frac{R_3}{R_1 + R_2 + R_3} V_s \tag{9.11}$$

와 같이 구해진다.

2) 키르히호프 전류법칙

① 저항 R_1, R_2, R_3, R_4를 각각 1 kΩ, 4.7 kΩ, 4.7 kΩ, 4.7 kΩ으로 선택하여 [그림 9.5]의 회로를 구성한다. 이 때 전원 V_s는 직류 10 V로 한다.

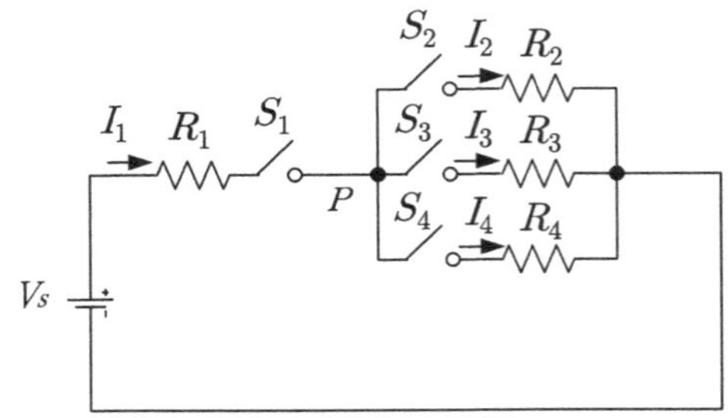

그림 9.5 키르히호프 전류법칙 실험을 위한 회로

② 스위치 S_2, S_3, S_4를 닫고 스위치 S_1 양단에 전류계를 연결하여 저항 R_1을 통해 점 P로 흘러 들어가는 전류 I_1을 측정한 후 [표 9.2]의 측정값 부분에 기록한다. 이 때 전류의 극성에 유의하라. 측정기의 '+' 극성을 스위치 왼쪽(전원쪽)에 연결하고 '-' 극성을 점 P쪽에 연결해야 된다.

③ 스위치 S_1, S_3, S_4를 닫고 스위치 S_2양단에 전류계를 연결하고 저항 R_2를 통해 점 P로부터 흘러 나가는 전류 I_2를 측정하고, 스위치 S_1, S_2, S_4를 닫고 스위치 S_3양단에 전류계를 연결한 후 저항 R_3를 통해 흘러 나가는 전류 I_3를 측정하고, 스위치 S_1, S_2, S_3를 닫고 스위치 S_4양단에 전류계를 연결한 후 저항 R_4를 통해 흘러 나가는 전류 I_4를 측정하여 [표 9.2]에 기록한다. 전류 $I_2 \sim I_4$를 측정할 때 측정기의 '+' 쪽 단자가 점 P부분에 연결되고 '-' 쪽 단자가 저항의 왼쪽 부분에 연결되어야 한다. 여기서 I_1은 '+'값으로, $I_2 \sim I_4$는 '-'값으로 기재한다.

④ 이론적으로 계산된 전류와 측정에 의한 전류 각각에 대해 키르히호프 전류법칙이 성립하는지를 살펴본다. 단 이론적인 전류의 값은

$$I_1 = \frac{V_s}{R_1 + R_{234}} \tag{9.12}$$

$$I_2 = \frac{R_{34}}{R_2 + R_{34}} I_1 \tag{9.13}$$

$$I_3 = \frac{R_{24}}{R_3 + R_{24}} I_1 \tag{9.14}$$

$$I_4 = \frac{R_{23}}{R_4 + R_{23}} I_1 \tag{9.15}$$

과 같이 구해지며, R_{234}는 저항 R_2, R_3, R_4의 병렬합성저항으로 다음과 같으며,

$$R_{234} = \frac{R_2 R_3 R_4}{R_2 + R_3 + R_4} \tag{9.16a}$$

저항 R_{ij}는 저항 R_i와 R_j의 병렬 합성 저항으로 다음과 같다.

$$R_{ij} = \frac{R_i R_j}{R_i + R_j} \tag{9.16b}$$

3) 휘스톤브리지 회로

① 저항 R_1, R_2, R_x를 각각 10 ㏀, 10 ㏀, 4.7 ㏀으로, R_3를 10 ㏀ 가변저항으로 선택하여 [그림 9.3]의 회로를 구성한다. 이 때 전원 V_s는 직류전압 10 V로 한다.

② 가변저항의 값을 변화시켜 전류계 G의 값이 0이 되도록 가변저항의 값을 조정하고 그 값을 [표 9.3]에 기록한다.

③ 식 (9.6)에 의한 계산값을 구하고 [표 9.3]에 기록한 후 비교한다.

⌘ 위의 실험 3가지 경우에서 전압, 저항의 크기는 지도교수나, 조교 선생님의 지시에 따라 적절한 다른 값으로 대체하여도 무방함.

9.4 실험결과

표 9.1 키르히호프 전압법칙 실험결과

저항(kΩ)			전압(V)									
			이론값(V)					측정값(V)				
R_1	R_2	R_3	V_s	V_{R_1}	V_{R_2}	V_{R_3}	$\sum_i V_{R_i}$	V_s	V_{R_1}	V_{R_2}	V_{R_3}	$\sum_i V_{R_i}$
1	1	1	−10				0	−10				
1	4.7	4.7	−10				0	−10				

표 9.2 키르히호프 전류법칙 실험결과

전원(V)	전류(mA)									
	이론값					측정값				
	I_1	I_2	I_3	I_4	$\sum_i I_i$	I_1	I_2	I_3	I_4	$\sum_i I_i$
10										

표 9.3 휘스톤브리지 실험결과

R_x		조정된 가변저항 값 R_3
실제 값	측정에 의해 계산 값: (R_1R_3/R_2)	
4.7 kΩ		

9.5 검토

이론값과 측정값 각각에 대해 키르히호프법칙을 적용해 본다. 이론값과 측정값 사이에 오차가 있으면 원인분석을 하고, 오차를 제거할 수 있는 방안을 검토한다.

실험 10. 중첩의 원리

목적

✓ 전기, 전자 회로에서 중첩의 원리를 이해하고 이 원리에 대한 활용 능력을 향상시킨다.

10.1 관련이론

우리는 전기, 전자 회로에서 2개 이상의 전원(전압원 혹은 전류원)을 포함하는 경우를 자주 본다. 다중의 전원을 갖는 선형회로에서 임의의 한 점을 통해 흐르는 전류(혹은 두 점 사이의 전위차)는 그 한 점(혹은 두 점)과 연결되어 있는 모든 전원의 영향을 받는다. 이와 같이 다수의 전원을 포함하는 전기, 전자 회로에서 한 점을 흐르는 전류(혹은 두 점 사이의 전위차)를 구하고자할 때는 중첩의 원리를 도입하면 해석이 편리하게 된다. [그림 10.1]을 중심으로 중첩의 원리에 대해 자세히 살펴보자.

중첩의 원리를 일반화시켜 말하면 '전기, 전자 회로에서 두 개 이상의 전원을 포함할 때 회로 내의 임의의 한 점을 통해 흐르는 전류(혹은 두 점 사이의 전위차)는 모든 전원이 개별적으로 있을 때 흐르는 각각의 전류(혹은 두 점 사이에 일어나는 각각의 전위차)의 합과 같다'는 것이다.

[그림 10.1]에서 두 개의 전압원이 회로의 오른쪽과 왼쪽에 있다. 이 원리에 의하면 [그림 10.1]의 회로는 [그림 10.2] (a)와 (b)의 회로처럼 단일 전원을 갖는 두 개의 회로로 분리하여 생각할 수 있다.

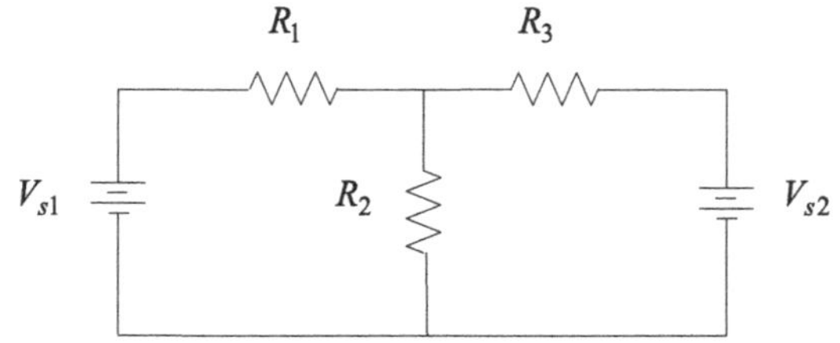

그림 10.1 '중첩의 원리'를 설명하기 위한 회로의 예

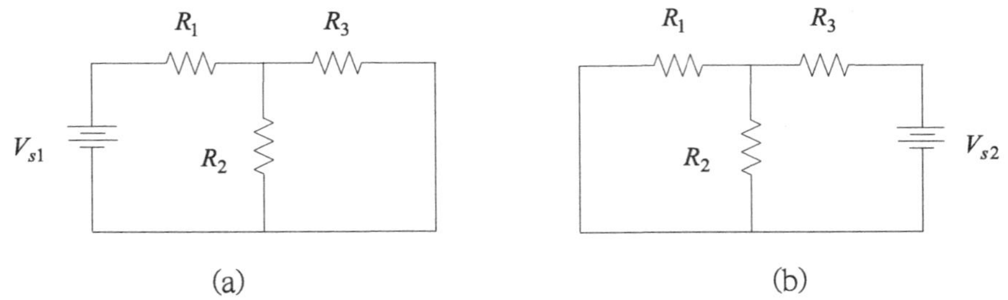

그림 10.2 [그림 10.1]의 회로를 단일 전원을 갖는 2개의 회로로 분리한 형태:
(a) 회로의 왼쪽에 전원을 갖는 경우,
(b) 회로의 오른쪽에 전원을 갖는 경우

이상적인 전압원의 경우에는 내부저항이 0이고, 이상적인 전류원인 경우에는 내부저항이 무한대(∞)이다. 여기서 전원은 모두 이상적인 전원이라 가정한다. 그렇지 않을 경우는 내부저항을 고려하여야 한다.

일반적으로 여러 개의 전원을 갖는 회로를 해석할 때는 개개의 전원이 단독으로 존재하는 것으로 간주하여 회로의 전류나 전위차(전압)를 구하여 중첩시키면 된다. 그러므로 전원을 갖는 [그림 10.1]의 회로는 [그림 10.2]의 (a)와 (b)로 나누어 생각할 수 있다. [그림 10.1]에서 저항 R_1에 인가된 전압은 [그림 10.2]의 (a) 회로에서 R_1에 인가된 전압과 (b) 회로에서 R_1에 인가된 전압을 대수적으로 합한 것과 같다. 이 때 전압의 극성은 동일한 방향으로 취해야 한다. 한편 [그림 10.1]에서 각 저항을 흐르는 전류는 [그림 10.2]의 (a)와 (b)에서 각 저항을 흐르는 전류의 대수합과 같다. 따라서 일반 회로에서 중첩의 원리를 적용하는 과정은 다음과 같다.

① 한쪽 전원만 남기고 나머지 전원은 전압원인 경우 단락(short)시키고 전류원인 경우는 개방(open)시킨다.
② 위 ①의 상태에서 임의의 한 점을 흐르는 전류 또는 두 점간의 전위차(전압)를 구한다.
③ 나머지 모든 전원에 대해 ①과 ②의 과정을 반복한다.
④ ①~③에서 얻은 전류 혹은 전위차의 대수합을 구한다.

[그림 10.1]의 회로에서 중첩의 원리를 적용하여 각 저항에 인가된 전압을 구해보자. 우선 저항 R_1 양단에 인가된 전압을 구하기 위해 [그림 10.2]의 (a)와 (b)에서 전압을 구해 보자.

(a)와 (b)회로에서 저항 R_1에 인가된 전압을 각각 V_{1R_1}, V_{2R_1}라 하고 극성을 저항 R_1의 왼쪽을 '+'로, 오른쪽을 '-'로 하자. 이때 전압 V_{1R_1}, V_{2R_1}는 다음과 같이 얻어진다.

$$V_{1R_1} = \frac{R_1}{R_1 + R_2 // R_3} V_{s1} \tag{10.1}$$

$$V_{2R_1} = -\frac{R_1 // R_2}{R_1 // R_2 + R_3} V_{s2} \tag{10.2}$$

여기서 '//'는 이 표시의 양쪽에 있는 두 저항의 병렬 합성저항을 나타낸다. 그리고 식 (10.2)에서 음(-)의 부호가 취해진 것은 전압 극성이 저항 R_1의 왼쪽을 '+'로 가정하였기 때문이다.

같은 방법과 가정에서 [그림 10.2]의 (a)와 (b)에서 저항 R_2 양단에 인가된 전압을 각각 V_{1R_2}, V_{2R_2}라 하면, 이들은 식 (10.3)과 (10.4)와 같이 얻어진다.

$$V_{1R_2} = \frac{R_2 // R_3}{R_1 + R_2 // R_3} V_{s1} \tag{10.3}$$

$$V_{2R_2} = \frac{R_1 // R_2}{R_1 // R_2 + R_3} V_{s2} \tag{10.4}$$

R_2 양단에 인가된 전압은 이 저항의 상측 부분을 '+'로 하고, 하측 부분을 '-'로 채택하였다. 그러므로 식 (10.3) 혹은 (10.4)에는 음의 부호가 없음에 유의하기 바란다.

마찬가지로 (a)와 (b)회로에서 저항 R_3 양단에 인가된 전압 V_{1R_3}, V_{2R_3}는 각각

$$V_{1R_3} = \frac{R_2 // R_3}{R_1 + R_2 // R_3} V_{s1} \tag{10.5}$$

$$V_{2R_3} = -\frac{R_3}{R_1 // R_2 + R_3} V_{s2} \tag{10.6}$$

가 된다. 여기서 전압의 극성은 저항 R_3의 왼쪽을 '+'로 취하였다.

식 (10.1)~(10.6)으로부터 각 저항 R_1, R_2, R_3의 양단에 인가된 전압은 각각

$$V_{R_1} = V_{1R_1} + V_{2R_1} \tag{10.7}$$

$$V_{R_2} = V_{1R_2} + V_{2R_2} \tag{10.8}$$

$$V_{R_3} = V_{1R_3} + V_{2R_3} \tag{10.9}$$

이 된다. 즉 [그림 10.1]의 회로에서 각 저항에 인가된 전압을 측정해 보면, [그림 10.2]의 (a)와 (b)에서 측정된 전압의 합과 같으며, 이는 또한 식 (10.7)~(10.9)와 같이 계산된 값과 같다. 이것이 중첩의 원리이다.

만약 [그림 10.1]에서 V_{s1} 혹은 V_{s2}가 전류원인 경우 [그림 10.2]의 (a)와 (b)에서 단락 상태는 개방상태로 바뀌어야 된다. 예로써 V_{s1} 대신 전류원 I_{s1}인 경우 [그림 10.2]는 [그림 10.3]과 같이 대체되어야 한다.

중첩에 의한 각 저항에 인가된 전압을 구하는 절차는 [그림 10.2]의 경우와 동일하다. 따라서 여기에서는 그 과정을 생략하기로 한다.

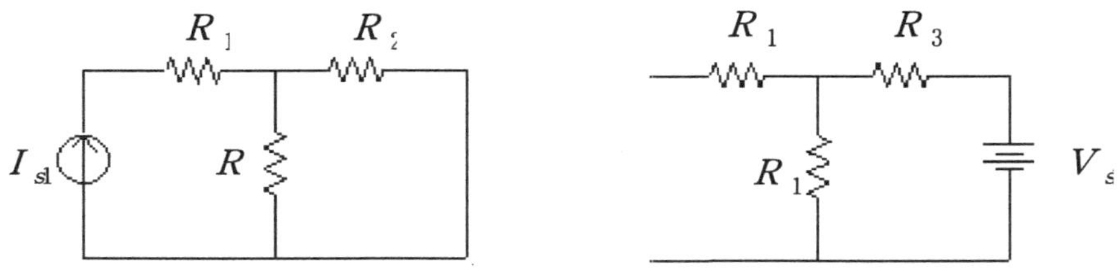

(a) (b)

그림 10.3 [그림 10.1]의 회로에서 V_{s1} 대신 전류원 I_{s1}인 경우 단일 전원을 갖는 2개의 회로로 분리한 형태:
(a) 회로의 왼쪽에 전원을 갖는 경우, (b) 회로의 오른쪽에 전원을 갖는 경우

10.2 실험준비

1) 실험기기 및 부품

- 저항: 5 kΩ 4개, 10 kΩ 6개
- 브레드보드: 1대
- 전원공급기: 1대
- 오실로스코프: 1대
- 멀티미터: 1대

2) 기타 실험준비

- [표 10.1]에서 이론적인 전압 V_{R_1}, V_{R_2}, V_{R_3}를 식 (10.1)~(10.9)로부터 구한다.

10.3 실험방법

중첩의 원리를 실험하기 위해 [그림 10.1]의 회로를 이용하자. 이 실험에 대한 절차는 아래와 같다.

① 저항 R_1, R_2, R_3를 각각 5 kΩ, 5 kΩ, 10 kΩ으로 선택한 후 [그림 10.1]의 회로를 구성한다. 여기서 전원 V_{s1}, V_{s2}는 각각 직류전압 10 V로 한다.

② 구성된 회로에서 각 저항에 인가된 전압을 측정하여 [표 10.1]에 기록한다. 이때 전압 극성에 유의하기 바란다.

③ 저항 R_1, R_2, R_3를 각각 10 kΩ, 10 kΩ, 10 kΩ으로 대체한 후 ②의 과정을 반복한다.

④ 저항 R_1, R_2, R_3를 각각 5 kΩ, 5 kΩ, 10 kΩ으로 선택한 후 [그림 10.2]의 (a)회로와 (b)회로를 구성한다. 여기서 전원 V_{s1}, V_{s2}는 각각 직류전압 10 V로 한다.

⑤ 구성된 두 회로 (a), (b) 각각에서 각 저항에 인가된 전압을 극성을 고려하여 측정한 후 [표 10.2]에 기록한다.

⑥ 저항 R_1, R_2, R_3를 각각 10 ㏀, 10 ㏀, 10 ㏀으로 대체하고 위 ⑤의 과정을 반복한다.

⑦ [그림 10.2]의 (a)회로와 (b)회로의 저항 R_1, R_2, R_3에서 측정된 전압을 이용하여 V_{R_i}(i=1,2,3)를 구하고 이를 [표 10.2]에 기록한다. 그리고 이 결과를 [표 10.1]의 측정 결과와 같은지 비교한다.

⑧ [표 10.1]과 [표 10.2]에서 측정값에 대해 중첩의 원리가 성립되는지를 확인한다.

⌘ 위의 실험에서 전압, 저항의 크기는 지도교수나, 조교 선생님의 지시에 따라 적절한 다른 값으로 대체하여도 무방함.

10.4 실험결과

표 10.1 전체 회로에서 각 저항에 인가된 이론적 전압

저항값(㏀)			이론 전압(V)			측정 전압(V)		
R_1	R_2	R_3	V_{R_1}	V_{R_2}	V_{R_3}	V_{R_1}	V_{R_2}	V_{R_3}
5	5	10						
10	10	10						

표 10.2 분리된 회로에서 각 저항의 측정전압

저항값(kΩ)			전원 V_{S1}만 고려한 회로			전원 V_{S2}만 고려한 회로			중첩 전압		
R_1	R_2	R_3	V_{1R_1}	V_{1R_2}	V_{1R_3}	V_{2R_1}	V_{2R_2}	V_{2R_3}	V_{R_1}	V_{R_2}	V_{R_3}
5	5	10									
10	10	10									

10.5 검토

합성회로에서 각 저항에서 측정된 전압과 분리된 두 회로에서 각 저항에서 측정된 전압의 합이 동일한지를 비교해 본다. 오차가 있으면 원인분석을 하고, 오차를 제거할 수 있는 방안을 검토한다.

내용

- 회로소자의 전기적 특성 실험
- 전기전자 기초회로 실험

전기전자 기초회로 실험

3

PART

실험 11. 전원의 내부저항 측정

목적

✓ 직류 전압원과 직류 전류원의 특성을 이해하고, 이들 전원에 대한 등가회로를 학습한다.

11.1 관련이론

이상적인 전원과 실제 전원에 대한 확실한 개념을 정립시킨다는 것은 매우 중요하다. 이상적인 전원은 항상 부하에 일정한 전압 혹은 전류를 공급할 수 있는 전원을 말한다.

모든 회로의 해석은 이상적인 전원의 개념부터 시작한다. 이상적인 전원은 크게 이상적인 전압원과 이상적인 전류원으로 나누어 생각할 수 있다. 이상적인 전원이 아닌 경우에는 실제 회로를 이상적인 전원에 저항의 직렬 혹은 병렬 연결의 합성체로 간주하고 해석하여야 한다.

1) 전압원과 내부저항

[그림 11.1]은 이상적인 직류 전압원을 설명하기 위한 회로이다. 여기서 그림 (a)는 이상적인 직류 전압원의 등가모델을, 그림 (b)는 그림 (a)의 이상적인 전압원 오른쪽에 임의의 부하저항 R_L이 직렬로 연결된 회로를 나타낸다.

이상적인 전압원에 어떠한 부하가 연결되더라도 전원의 전압 모두가 부하에 인가된다. 즉 이상적인 전압원의 내부저항은 0이므로, 부하전압 V_L은

$$V_L = V_s \tag{11.1}$$

이 된다.

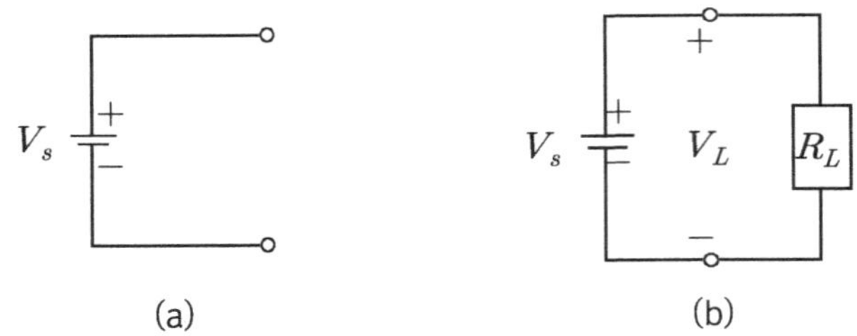

그림 11.1 이상적인 전압원과 이 전압원에 부하저항이 연결된 회로:
(a) 이상적인 전압원의 등가모델,
(b) 이상적인 전압원에 부하저항 R_L이 연결된 회로

실제의 전압원을 살펴보기 위해, 전압원이 이상적인 전압원이 아닌 내부저항 R_S를 갖는 [그림 11.2] (a)와 같은 전원이라 가정하자. 여기에 부하저항 R_L이 연결된 것이 [그림 11.2] (b)의 회로이다.

[그림 11.2] (b)에서 부하저항 R_L에 공급되는 전압 V_L은

$$V_L = \frac{R_L}{R_S + R_L} V_S \tag{11.2}$$

이 된다. 실제 전압원의 경우에는 작은 값이지만 내부저항이 존재한다. 즉 어떠한 부하가 전압원에 연결되더라도 부하에 공급되는 전압에 큰 영향을 주지 않기 위해서는 전원의 내부저항이 작을수록 좋다.

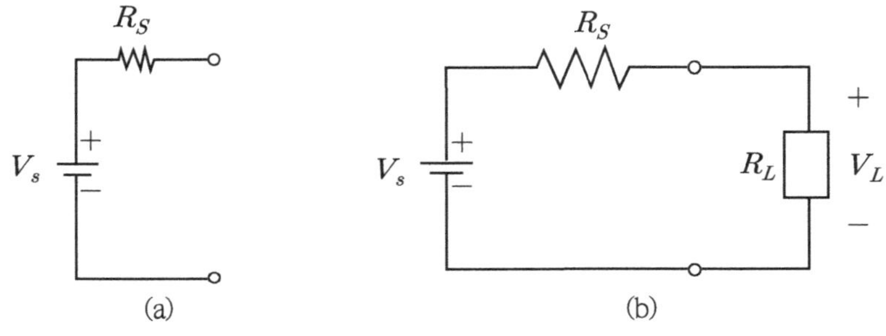

그림 11.2 실제 전압원과 이 전압원에 부하가 연결된 회로:
(a) 실제 전압원의 등가모델,
(b) 실제 전압원에 부하저항 R_L이 연결된 회로

만약 식 (11.2)에서 부하의 크기에 관계없이 부하에 공급되는 전압이 거의 일정하려면 전원의 내부저항 R_s 는

$$R_s \ll R_L \tag{11.3}$$

이 되어야 한다. 즉 내부저항이 부하저항보다 충분히 작은 값을 갖는 전압원일 때 부하에 공급되는 전압은 거의 일정하게 된다. 이 때 부하전압 V_L은 식 (11.2)와 (11.3)에 의해

$$V_L \cong V_s \tag{11.4}$$

이 된다.

2) 전류원과 내부저항

[그림 11.3]은 이상적인 전류원의 등가모델을 설명하기 위한 회로이다. 여기서 그림 (a)는 이상적인 전류원을, 그리고 그림 (b)는 그림 (a)의 이상적인 전류원 오른쪽에 임의의 부하저항 R_L이 연결된 회로이다.

이상적인 전류원에 어떠한 부하가 연결되더라도 부하에는 전원 전류 모두가 인가된다. 즉 이상적인 전류원에 연결된 부하 R_L에 흐르는 전류 I_L은

$$I_L = I_s \tag{11.5}$$

이 된다.

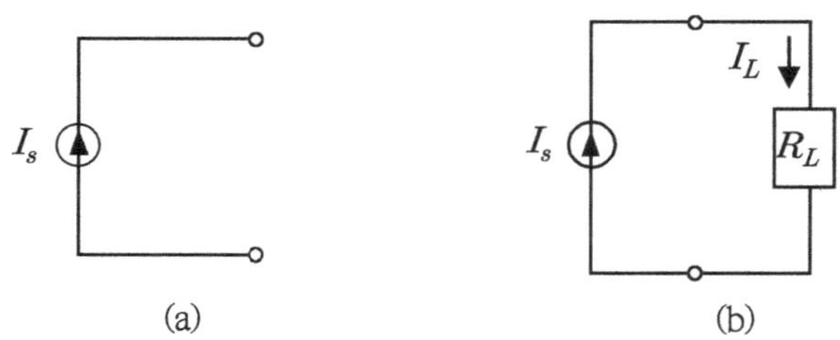

그림 11.3 이상적인 전류원과 이 전류원에 부하저항이 연결된 회로:
(a) 이상적인 전류원의 등가모델,
(b) 이상적인 전류원에 부하저항 R_L이 연결된 회로

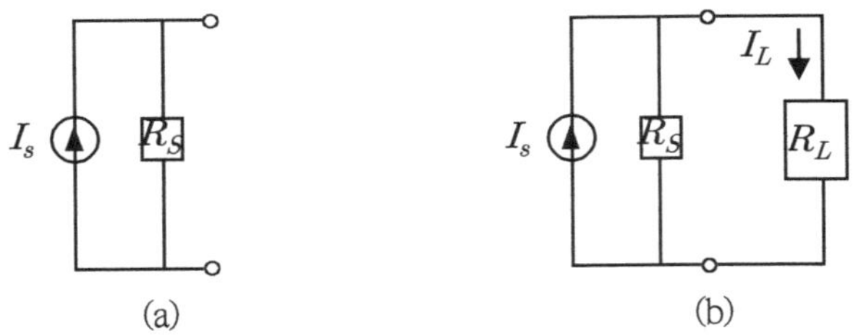

그림 11.4 실제 전류원과 이 전류원에 부하저항이 연결된 회로:
(a) 실제 전류원의 등가모델,
(b) 실제 전류원에 부하저항 R_L이 연결된 회로

실제의 전류원을 살펴보기 위해, 우선 [그림 11.3] (a)와 같이 전류원이 이상적인 전류원이 아닌 내부저항 R_S를 갖는다고 가정하자. 여기에 부하저항 R_L이 연결된 [그림 11.4]의 (b)와 같은 회로를 생각해 보자.

[그림 11.4] (b)에서 부하저항 R_L에 공급되는 전류 I_L은

$$I_L = \frac{R_S}{R_S + R_L} I_S \tag{11.6}$$

이 된다. 실제 전류원의 경우에는 큰 값의 내부저항이 존재한다. 그러므로 실제 전류원에 부하저항이 연결되었을 때의 등가회로는 [그림 11.4] (b)와 같다. 즉 어떠한 부하가 전류원에 연결되더라도 부하에 공급되는 전류에 큰 영향을 주지 않기 위해서는 전류원의 내부저항이 클수록 좋다.

만약 식 (11.6)에서 부하의 크기와 관계없이 부하에 공급되는 전류가 전류원에서 나오는 전류의 대부분이 공급되려면 전류원의 내부저항 R_S는

$$R_S \gg R_L \tag{11.7}$$

가 되어야 한다. 즉 전류원에서 부하로 공급되는 전류가 거의 일정하게 되려면 전류원의 내부저항이 부하저항보다 충분히 커야한다. 이 때 부하전류 I_L은 식 (11.6)과 (11.7)에 의해

$$I_L \cong I_s \tag{11.8}$$

이 된다.

11.2 실험준비

1) 실험기기 및 부품

- 저항: 50 Ω 2개, 100 Ω 2개, 200 Ω 1개
- 가변저항(0 ~ 500 Ω): 1개
- 브레드보드: 1대
- 전원공급기: 1대
- 멀티미터: 1대
- 오실로스코프: 1대

2) 기타 실험준비

- 없음.

11.3 실험방법

실제에서는 전류원을 구현하기가 쉽지 않다. 따라서 본 실험에서는 전압원의 내부저항을 측정하는 실험만 수행하고자 한다.

1) 실제 전압원의 내부저항 측정실험

① 저항 R_1은 보호저항으로 약 50 Ω 범위에서 적절한 값을 선택하여 고정시키고 [그림 11.5] (a)의 회로를 구성한다. 단, 전압원은 전원공급기에서 직류 1 V를 인가한다. 이 때 전원공급기의 전압을 멀티미터를 사용하여 정확히 측정하고 조정한다.

② R_1의 값을 멀티미터로 정확히 측정하여 [표 11.1]에 기록한다.

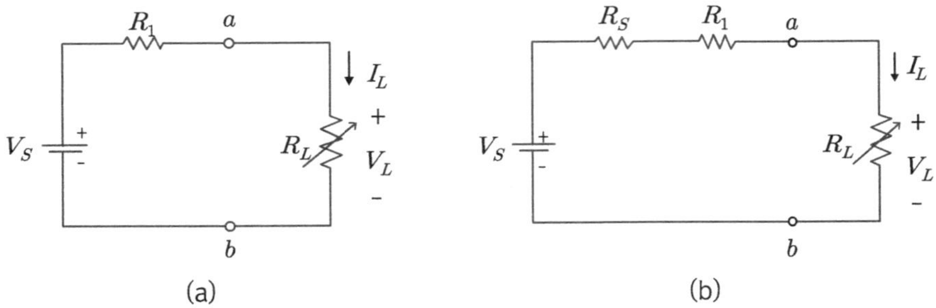

그림 11.5 실제 전원의 내부저항 측정을 위한 회로:
(a) 실제 전원에 부하 R_L이 연결된 회로,
(b) 내부저항을 고려한 회로 (a)의 등가회로

③ 멀티미터를 사용하여 R_L의 값을 50 Ω으로 조정한다.

④ 멀티미터를 사용하여 부하저항 R_L에 나타나는 전압 V_L을 측정하여 [표 11.1]에 기록한다.

⑤ 저항 R_L을 [표 11.1]에 기재된 값으로 변화시키면서 ③와 ④의 과정을 반복한다.

⑥ 측정치에 의한 내부저항 값을 계산한다. 단 내부저항 값은 다음과 같이 계산된다. 즉 $V_L = I_L R_L$과 $V_s = (R_s + R_1 + R_L) I_L$로부터 식 (11.9)를 얻을 수 있다.

$$R_S = \frac{V_S}{V_L} R_L - (R_1 + R_L) \tag{11.9}$$

이 된다.

⌘ 주의 : R_1은 $R_L \cong 0$일 때 과도전류를 방지하는 보호저항 역할을 한다.

⌘ 위의 실험에서 전압, 저항의 크기는 지도교수나, 조교 선생님의 지시에 따라 적절한 다른 값으로 대체하여도 무방함.

11.4 실험결과

표 11. 1 전원의 내부저항 측정결과

저항 $R_1(\Omega)$	저항 $R_L(\Omega)$		부하전압 V_L(V) (측정치)	내부저항 $R_s(\Omega)$ (측정치 V_L로부터 계산)
	띠색	측정치		
	50			
	100			
	200			

11.5 검토

실험 결과를 토대로 전압원의 내부저항 상태를 알아본다.

실험 12. T-π(혹은 Y-Δ)변환

목적

- ✓ T(Y)자형 회로를 $\pi(\Delta)$자형 회로로 변환하는 방법을 익힌다.
- ✓ $\pi(\Delta)$자형 회로를 T(Y)자형 회로로 변환하는 방법을 익힌다.

12.1 관련이론

일반적인 전기, 전자 회로에서 직렬회로의 경우에 전체 저항을 하나의 등가저항으로, 병렬회로의 경우에 전체 컨덕턴스(conductance)를 하나의 등가 컨덕턴스로 대체함으로써 회로를 단순화하여 해석할 수 있다. 그런데 실제 회로에서는 단순히 직렬합성법과 병렬합성법만으로 단순화될 수 없는 회로들도 있다. 한 가지의 예로써 [그림 12.1]의 (a)와 같은 회로를 생각할 수 있다. 이 회로는 단순한 직렬회로나 병렬회로의 해석방식으로는 문제를 접근하기가 어렵다. 그러나 [그림 12.1] (a)의 점선 부분의 T(Y)자형 회로를 그림 (b)의 점선 부분과 같은 π(Δ)형 회로로 대체할 수 있다면 이 회로는 쉽게 해석될 수 있다. 실제 회로 해석에는 이러한 변환을 거쳐 등가화될 수 있는데 이러한 변환을 T-π변환, 혹은 Y-Δ변환이라 한다. 변환이름은 그 모양을 따라 지어졌다고 한다.

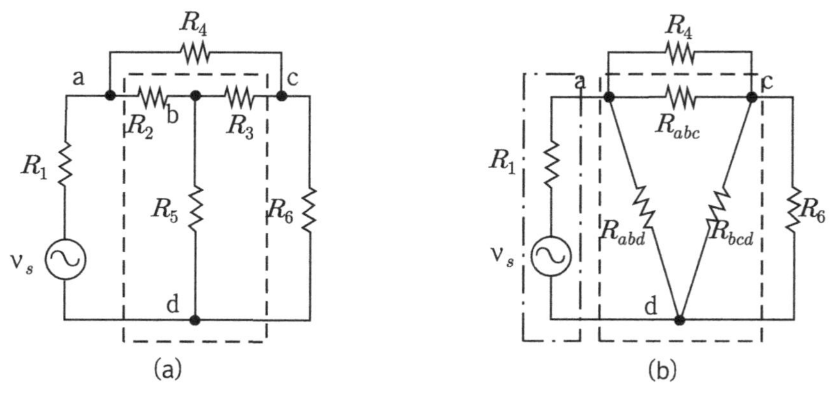

그림 12.1 T-π변환 설명을 위한 회로의 예:
(a) T자형이 포함된 회로, (b) 회로 (a)의 점선 부분을 π형 회로로 변환한 회로

1) T-π변환에 대한 개념

[그림 12.1] (a)의 T자형 회로를 π자형 회로로 변환하는 절차를 살펴보기로 하자. 우선 [그림 12.1] (a)에서 점선 부분의 T자형 회로가 [그림 12.1] (b)의 그림에서 점선 부분의π자형(삼각형 모양) 회로로 변환되었다고 가정하자. 이러한 변환 방법은 뒤에 자세히 언급하기로 한다. 그리고 [그림 12.1] (b)에서 일점쇄선 부분을 놀턴등가회로로 대체하면 [그림 12.2] (a)의 점선 부분과 같이 된다. [그림 12.2] (a)의 회로는 [그림 12.2] (b)의 회로로 단순화될 수 있다. [그림 12.2] (b)와 (a)에서 $R_{ac} = R_4 // R_{abc}, R_{cd} = R_6 // R_{bcd}$, $R_{ad} = R_1 // R_{abd}$의 관계를 갖는다. 여기서 $R_x // R_y$는 R_x와 R_y의 병렬합성저항을 나타낸다.

[그림 12.2]의 (b)에서 점 d를 기준으로 단자 a와 c의 전압을 각각 v_a와 v_c라 하면, 이들은 $v_a = \dfrac{V_s}{R_1} \cdot [R_{ad} // (R_{ac} + R_{cd})], v_c = \dfrac{R_{cd}}{R_{ac} + R_{cd}} v_a$이 된다. 이 두 전압은 각각 원 회로 [그림 12.1] (a)의 점 a와 c에서 전압과 같다. 따라서 이 두 전압을 다시 [그림 12.1] (a)에 적용하면, 저항 R_1을 흐르는 전류 i_{R_1}은 $i_{R_1} = (v_s - v_a)/R_1$, 저항 R_4를 흐르는 전류 i_{R_4}는 $i_{R_4} = (v_a - v_c)/R_4$, 저항 R_2를 흐르는 전류 i_{R_2}는 $i_{R_2} = i_{R_1} - i_{R_4}$, 점 d를 기준으로 점 b의 전압 v_b는 $v_b = v_a - i_{R_2} R_2$, 저항 R_5를 흐르는 전류 i_{R_5}는 $i_{R_5} = v_b / R_5$, 저항 R_3를 흐르는 전류 i_{R_3}는 $i_{R_3} = (v_c - v_b)/R_3$, 저항 R_6를 흐르는 전류 i_{R_6}는 $i_{R_6} = v_c / R_6$가 된다.

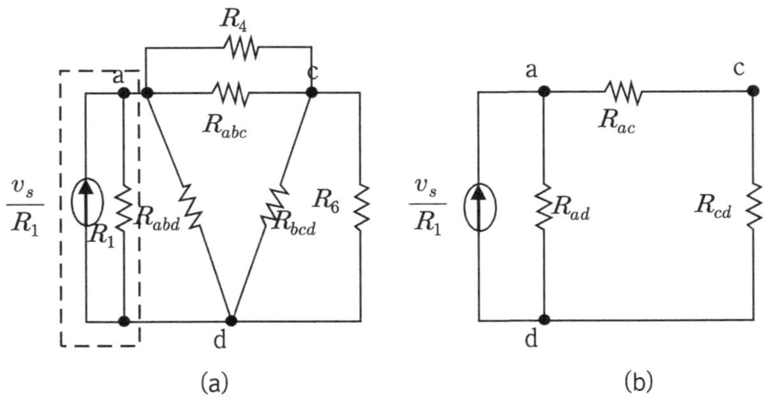

그림 12.2 T-π변환 과정의 설명을 위한 회로:
(a) [그림 12.1] (b)의 전원부를 놀턴등가회로로 대체된 회로,
(b) (a)의 회로를 단순화한 회로

따라서 [그림 12.1] (a)의 T자형 회로가 (b)의π자형으로 변환될 수 있다면 위와 같이 쉽게 회로를 해석할 수 있다.

2) T-π 변환식 유도

지금부터 T(Y)자형 회로를 π(Δ)형 회로 혹은 π자형 회로를 T자형 회로로 변환하는 과정을 [그림 12.3]을 참고로 하여 자세히 살펴보기로 하자.

[그림 12.3]의 (a)와 같이 T(Y)자형 회로가 복잡한 회로의 일부를 형성하고 있을 때, 이 T자형 회로를 [그림 12.3] (b)의π(Δ)형 회로로 대체하더라도 세 단자 a, b, c의 외부에서 어떠한 변화도 일어나지 않으면 이 두 회로는 서로 등가이다. (a)와 (b)의 두 회로가 등가가 되기 위해서는 두 회로에 대응되는 세 단자 a, b, c 서로 간의 단자전압이 동일할 때 대응되는 단자에 동일한 전류들이 유입될 것이다. 즉 (a) 회로에서 a와 b의 단자 전압 v_{ab}와 (b) 회로에서 a와 b의 단자 전압 v_{ab}가 서로 같아야 하고, 두 회로에서 각각 b와 c의 단자 전압 v_{bc}가 서로 같아야 하며, 또한 각각의 c와 a의 단자 전압 v_{ca}가 서로 같아야 한다. 이러한 조건이 만족될 때 [그림 12.3] (a)회로와 (b)회로는 서로 등가회로가 된다.

[그림 12.3] (a)의 회로와 (b)의 회로가 등가회로라 가정한다면, 특수한 경우로서 두 회로에서 단자 a를 개방하고 단자 b-c에서 본 저항이 서로 같아야 하고, 단자 b를 개방하고 단자 c-a에서 본 저항이 서로 같아야 하며, 단자 c를 개방하고 단자 a-b에서 본 저항이 서로 같아야 한다. 위의 논리를 구체적으로 정리하여 보자.

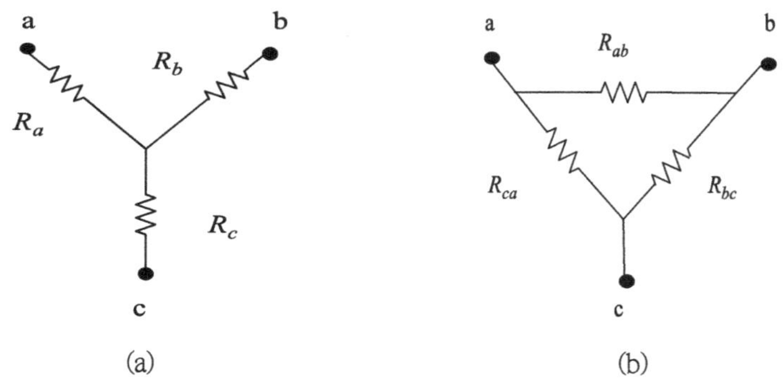

그림 12.3 T(Y)자형 회로와 π(Δ)형 회로:
(a) T(Y)자형 회로, (b) π(Δ)형 회로

[그림 12.3]의 (a)와 (b)회로에서 모두 a단자를 개방하였을 때 단자 b-c에서 측정된 저항은 식 (12.1)의 관계가 성립되어야 하고,

$$R_b + R_c = R_{bc} // (R_{ca} + R_{ab}) = \frac{R_{bc}(R_{ca} + R_{ab})}{R_{ab} + R_{bc} + R_{ca}} \tag{12.1}$$

두 회로에서 b단자를 개방하였을 때 c-a 단자에서 측정된 저항은 식 (12.2)의 관계가 성립되어야 하고,

$$R_c + R_a = R_{ca} // (R_{ab} + R_{bc}) = \frac{R_{ca}(R_{ab} + R_{bc})}{R_{ab} + R_{bc} + R_{ca}} \tag{12.2}$$

c단자를 개방하였을 때 b-c 단자에서 측정된 저항은 식 (12.3)의 관계가 성립되어야 한다.

$$R_a + R_b = R_{ab} // (R_{bc} + R_{ca}) = \frac{R_{ab}(R_{bc} + R_{ca})}{R_{ab} + R_{bc} + R_{ca}} \tag{12.3}$$

위의 세 식을 R_a, R_b, R_c에 대해 정리하면

$$R_a = \frac{R_{ab} R_{ca}}{R_{ab} + R_{bc} + R_{ca}} \tag{12.4}$$

$$R_b = \frac{R_{bc} R_{ab}}{R_{ab} + R_{bc} + R_{ca}} \tag{12.5}$$

$$R_c = \frac{R_{ca}R_{bc}}{R_{ab}+R_{bc}+R_{ca}} \tag{12.6}$$

를 얻을 수 있다. 그리고 식 (12.4)~(12.6)에 의해 다시

$$R_{ab} = \frac{R_aR_b+R_bR_c+R_cR_a}{R_c} \tag{12.7}$$

$$R_{bc} = \frac{R_aR_b+R_bR_c+R_cR_a}{R_a} \tag{12.8}$$

$$R_{ca} = \frac{R_aR_b+R_bR_c+R_cR_a}{R_b} \tag{12.9}$$

의 관계를 얻을 수 있다.

식 (12.7)~(12.9)을 이용하면 T(Y)형 회로를 π(Δ)형의 회로로 변환이 가능하다. 즉 [그림 12.1] (a)에서 T(Y)형 회로를 단순화하면 [그림 12.1]의 (b)와 [그림 12.2]의 (a) 회로를 거쳐 [그림 12.2] (b)의 회로까지 간단화될 수 있다. [그림 12.2]의 (b)에서는 a, c 점의 전위를 쉽게 구할 수 있다. 이 점들의 전위는 각각 원래의 회로 [그림 12.1] (a)에서 a, c 점들의 전위와 같다. 그러므로 처음 회로의 각 저항을 흐르는 전류 및 전압은 쉽게 구할 수 있다. 마찬가지로 식 (12.4)~(12.6)을 이용하면 π(Δ)형 회로를 T(Y)형의 회로로 변환이 가능하다.

12.2 실험준비

1) 실험기기 및 부품

- 저항: 1 ㏀ 3개, 3 ㏀ 3개, 그 외
- 납땜인두: 1개
- 납: 적당량
- 납흡입기: 1개
- PCB보드: 1개

2) 기타 실험 준비

- 없음

12.3 실험방법

❖ T-π변환 실험

① 저항 R_a, R_b, R_c를 모두 1 ㏀로 선택한 후 [그림 12.4] (a)의 T형 회로를 구성한다.

② 식 (12.7)~(12.9)를 이용하여 R_{ab}, R_{bc}, R_{ca}를 구한 후 [표 12.2]에 기록하고, 이 값을 사용하여 [그림 12.4] (b)의 회로를 구성한다.

③ [그림 12.4] (a)의 T형 회로에서 a 단자를 개방하고 두 단자 b-c사이의 저항 R_{b-c}를 측정하고, b 단자를 개방하고 단자 c-a사이의 저항 R_{c-a}를 측정하고, c 단자를 개방하고 단자 a-b 사이의 저항 R_{a-b}를 측정하여 [표 12.1]에 기록한다.

④ $R_{ab} = R_{bc} = R_{ca} = 3\text{k}\Omega$으로 선택하여 [그림 12.4] (b)의 π형 회로를 구성한다.

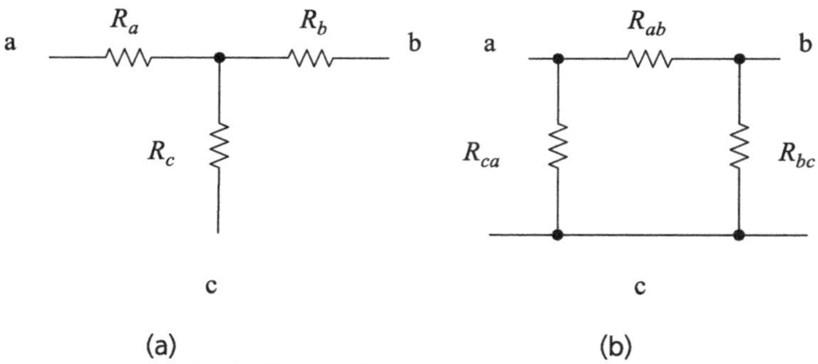

그림 12.4 T-π변환 실험을 위한 회로: (a) T(Y)자형 회로, (b) π형 회로

⑤ [그림 12.4] (b)의 π형 회로에서 a 단자를 개방하고 두 단자 b-c사이의 저항 R_{b-c}를 측정하고, b 단자를 개방하고 단자 c-a사이의 저항 R_{c-a}를 측정하고, c 단자를 개방하고 단자 a-b 사이의 저항 R_{a-b}를 측정하여 [표 12.2]에 기록한다.

⑥ [표 12.1]과 [표 12.2]에서 측정값을 서로 비교한다.

단, [그림 12.4]의 회로 (a)와 (b)에서 단자 사이의 개방저항 R_{a-b}, R_{b-c}, R_{c-a}의 측정값은 다음과 같아야 한다.

⇒ (a) 회로에서 단자 사이의 개방저항

$$\text{a단자 개방 저항: } R_{b-c} = R_b + R_c \tag{12.10}$$

$$\text{b단자 개방 저항: } R_{c-a} = R_c + R_a \tag{12.11}$$

$$\text{c단자 개방 저항: } R_{a-b} = R_a + R_b \tag{12.12}$$

⇒ (b) 회로에서 단자 사이의 개방저항

$$\text{a단자 개방 저항: } R_{b-c} = R_{bc} // (R_{ab} + R_{ca}) \tag{12.13}$$

$$\text{b단자 개방 저항: } R_{c-a} = R_{ca} // (R_{ab} + R_{bc}) \tag{12.14}$$

$$\text{c단자 개방 저항: } R_{a-b} = R_{ab} // (R_{bc} + R_{ca}) \tag{12.15}$$

여기서 기호 '//'는 기호 좌우의 저항에 대한 병렬합성저항을 나타낸다.

※ 위의 실험에서 저항의 크기는 지도교수나, 조교 선생님의 지시에 따라 적절한 다른 값으로 대체하여도 무방함.

12.4 실험결과

표 12.1 T형 회로에서 실험결과

R_a (kΩ)	R_b (kΩ)	R_c (kΩ)	측정값		
			R_{a-b}	R_{b-c}	R_{c-a}
1	1	1			

표 12.2 π형 회로에서 실험결과

R_{ab} (kΩ)	R_{bc} (kΩ)	R_{ca} (kΩ)	측정값		
			R_{a-b}	R_{b-c}	R_{c-a}
3	3	3			

12.5 검토

이론을 바탕으로 실험이 제대로 되었는지 검토해 본다. 오차가 있으면 원인을 분석하고 오차를 제거할 수 있는 방안을 검토한다.

실험 13. 수동 회로소자의 전기적 특성

목적

✓ 수동 회로소자인 저항, 코일, 콘덴서의 전기적 특성을 이해한다.

13.1 관련이론

수동 회로소자인 저항, 코일, 콘덴서는 각각 전기적 특성이 다르다. 수동 회로소자만으로 구성된 임의의 회로에서 전압 혹은 전류 중의 어느 하나가 정현파이면 다른 하나도 동일한 주파수의 정현파가 된다. 수동 회로소자로 구성된 회로에서 소자의 양단에 나타나는 전압과 전류는 소자 종류에 따라 진폭비와 위상차가 다르다. 저항, 코일, 콘덴서의 양단에 나타나는 전압과 이들 소자를 통해 흐르는 전류 사이의 관계를 자세히 살펴보기로 하자.

먼저 본 내용에 들어가기 전에 신호나 회로 임피던스의 페이저 표기(혹은 복소수 표기)에 대해 간략히 살펴본다. 이를 위해 정현파를 페이저로 나타내어 보자. 정현파를 Euler 공식에 의해 다음과 같이 표현할 수 있다.

$$A\cos(\omega t+\theta) = Re\,[Ae^{j\theta}\ \bullet\ e^{j\omega t}] \tag{13.1}$$

단 $j=\sqrt{-1}$을, $Re[X]$는 복소수 X의 실수부를, A는 상수로 진폭을 나타낸다. 여기서 '$A\cos(\omega t+\theta)$'의 페이저라 함은 $Ae^{j\theta}e^{j\omega t}$을 말하며 약식으로는 $Ae^{j\theta}$으로 표현한다. 더 간단한 표현으로 페이저는 $A\angle\theta$으로 나타내기도 한다.

1) 임피던스

수동 회로소자의 전압-전류 관계를 살펴보기 위해 먼저 임피던스에 관해 간략히 살펴보자. 임의의 전기, 전자 회로의 두 단자 사이에 인가된 전압의 최대치와 이 양단을 흐르는 전류의 최대치 비를 임피던스 크기라 하고, 전압과 전류의 위상차를 임피던스각이라 한다. 즉

$$\begin{aligned} \text{임피던스 크기} &= \frac{V_m}{I_m} \\ &= \frac{V_{eff}}{I_{eff}} \ \Omega \end{aligned} \tag{13.2}$$

$$\text{임피던스 각} = \text{전압의 위상} - \text{전류의 위상} \tag{13.3}$$

으로 정의된다. 여기서 V_m와 I_m은 각각 정현파 전압과 전류의 최대치를 나타내고, V_{eff}와 I_{eff}는 각각 정현파 전압과 전류의 실효치를 나타내며, $V_{eff} = V_m / \sqrt{2}$,$I_{eff} = I_m / \sqrt{2}$ 의 관계가 있다. 따라서 임피던스를 $\boldsymbol{Z}$라 표기하고, 임피던스 각을 θ라 하고, 정현파 전압과 전류의 위상을 각각 θ_v, θ_i라 하면, 임피던스 $\boldsymbol{Z}$를 식 (13.4)과 같이 페이저 형태로 표현할 수 있다.

$$\begin{aligned} \boldsymbol{Z} &= \frac{V_m}{I_m} e^{j\theta} = \frac{V_m}{I_m} e^{j(\theta_v - \theta_i)} \\ &= R + jX \ \Omega \end{aligned} \tag{13.4}$$

여기서 R과 X는 각각 임피던스 $\boldsymbol{Z}$의 실수부와 허수부를 나타낸다. 임피던스는 복소수 형태로 표현되므로 복소임피던스라고도 한다. 사람에 따라 복소임피던스 $\boldsymbol{Z}$를 식 (13.4)의 아래 부분과 같이 먼저 정의하고 임피던스의 크기와 각을 각각 식 (13.2)과 식 (13.3)와 같이 표현하기도 한다. 식 (13.4)에서 임피던스의 크기와 각은 각각

$$\text{임피던스 크기, } |\boldsymbol{Z}| = \frac{V_m}{I_m} = \sqrt{R^2 + X^2} \quad \Omega \tag{13.5}$$

$$\text{임피던스 각, } \theta = \theta_v - \theta_i \ = \tan^{-1}\frac{X}{R} \ \text{ radian} \tag{13.6}$$

와 같이 표현되기도 한다. 임피던스 $\boldsymbol{Z}$에서 R은 저항 성분에 해당되고, X는 콘덴서와 코일 성분에 해당된다.

단순 저항에 걸리는 전압과 이 저항을 흐르는 전류의 위상은 동상(in phase)이며, 단순 코일에 나타나는 전압과 이 코일을 흐르는 전류는 90° 의 위상차가 나며, 단순 콘덴서에 나타나는 전압과 이 콘덴서를 흐르는 전류는 -90° 의 위상차가 난다. 저항, 코일, 콘덴서의 임피던스에 대한 성분을 복소수 표기에 따르면 다음과 같다.

$$\text{저항}:R, \quad \text{코일}: jwL, \quad \text{콘덴서}: 1/jwC$$

일반적으로 코일에 의한 임피던스 성분을 jX_L로 표기하고, 콘덴서에 의한 임피던스 성분을 jX_C로 표기하며, 저항에 의한 임피던스 성분은 그대로 R로 표기한다. 예를 들어 저항과 코일의 직렬연결 회로의 경우와 저항과 콘덴서의 직렬회로인 경우 각각에 대해 임피던스 표기를 살펴보면 다음과 같다.

$$\text{'저항—코일' 직렬회로}: Z = R + jX_L = R + jwL \quad \Omega \tag{13.7}$$

$$\text{'저항—콘덴서' 직렬회로}: \boldsymbol{Z} = R + jX_C = R + \frac{1}{jwC} \quad \Omega \tag{13.8}$$

따라서 $X_L = wL$, $X_c = -1/wC$가 된다.

2) 저항의 전기적 특성

임의의 전기전자 회로소자에 인가된 전압 v_R과 전류 i_R가 [그림 13.1] (a)와 같이 선형관계를 가질 때 이 소자를 저항이라 하며, 이러한 소자의 성질을 말할 때도 저항이라 한다. 즉 저항 R은 이 그래프에서 직선의 기울기에 해당된다.

즉 [그림 13.1] (b)와 같이 저항 양단에 인가된 전압을 v_R이라 하면, 이는 저항 R을 흐르는 전류 i_R과는 식 (13.9) 혹은 식 (13.10)의 같은 관계를 갖는다. 즉

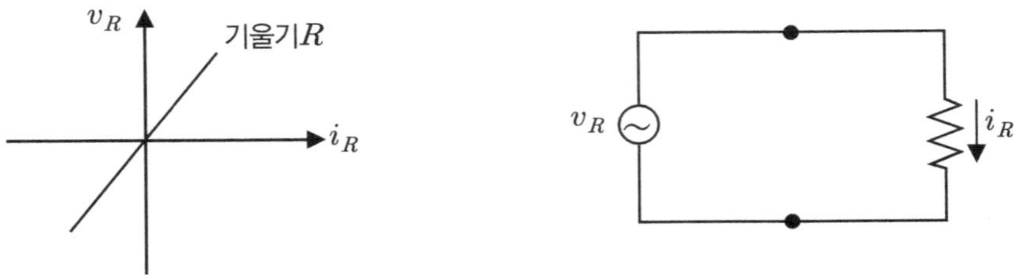

(a) (b)

그림 13.1 저항의 전기적 특성: (a) 특성 그래프, (b) 특성 그래프를 설명하기 위한 회로

$$v_R = Ri_R \quad \text{볼트} \tag{13.9}$$

혹은

$$i_R = \frac{v_R}{R} \quad \text{암페어} \tag{13.10}$$

의 관계를 갖는다. 저항을 통해 흐르는 전류는 저항 양단에 인가되는 전압이 증가하면 선형적으로 증가한다는 것을 의미한다. 한 가지 중요한 것은 저항을 흐르는 전류는 저항 양단에 인가된 전압의 주파수와 무관하다는 점이다.

3) 코일의 전기적 특성

임의의 회로소자에 전류 i_L가 흐를 때, 그 회로소자 양단에 유도되는 전압 v_L이 [그림 13.2] (a)와 같이 전류의 시간적 변화율에 비례할 때 그 소자를 코일(인덕터)이라 한다. 이러한 소자의 성질을 인덕턴스라 하며 이는 직선의 기울기에 해당된다.

즉 코일에 전류 i_L이 흐를 때, 코일 양단에 유도되는 유기전압 v_L은 다음 식 (13.11)과 같다.

$$v_L = L\frac{di_L}{dt} \quad \text{볼트} \tag{13.11}$$

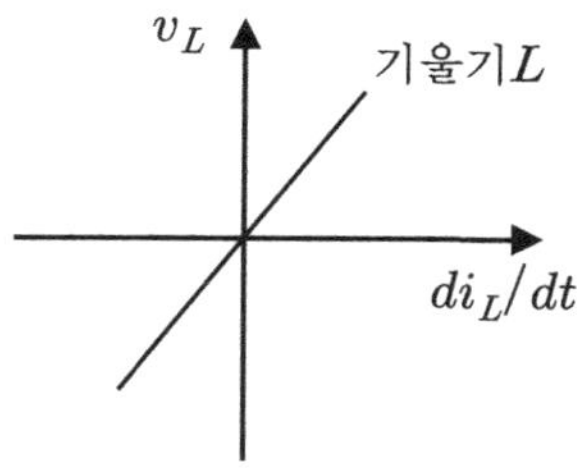

그림 13.2 코일의 전기적 특성:
(a) 특성곡선, (b) 특성곡선을 설명하기 위한 회로

여기서 L은 전압과 전류의 시간적 변화율 사이의 관계를 결정짓는 비례상수, 즉 직선의 기울기로서 인덕턴스라 부른다. 이 성질을 다시 정리해 보면, 코일 양단에 유도되는 전압은 코일을 흐르는 전류의 시간적 변화율에 비례한다. 전압, 전류가 정현파인 경우 이들 관계를 페이저(혹은 복소수)로 표기하면 다음과 같다.

$$\boldsymbol{V}_L = jwL\boldsymbol{I}_L \quad \text{볼트} \tag{13.12}$$

혹은

$$\boldsymbol{I}_L = \frac{\boldsymbol{V}_L}{jwL} \quad \text{암페어} \tag{13.13}$$

여기서 $\boldsymbol{V}_L$과 $\boldsymbol{I}_L$은 각각 순시 전압 v_L과 전류 i_L의 페이저 표기이다.

코일에 직류전류(주파수 0 Hz)가 인가되면 전기적으로 단락 현상이 일어나 코일은 도선과 같은 역할을 한다. 인가 신호의 주파수가 점점 높아짐에 따라 임피던스가 커지는 현상이 나타난다. 그러므로 코일에 인가되는 전류의 주파수가 아주 커져 무한대에 가까우면 전기적으로 개방현상이 일어난다.

4) 콘덴서의 전기적 특성

두 도체 사이에 절연체가 끼여 있는 경우, 두 도체와 절연체를 합쳐서 하나의 전기소자로 취급되어질 수 있다. 이와 같은 구조를 갖는 소자의 양단에 전위차가 존재하면 전위가 높은 쪽에 양(+)의 전하가, 전위가 낮은 쪽에 음(-)의 전하가 축적된다. 이 때 소자에 축적되는 전하 Q와 이 소자 양단에 존재하는 전위차 V가 [그림 13.3]의 (a)와 같은 직선 관계를 가지는 경우 이 소자를 콘덴서(혹은 커패시터)라 한다. 또한 이러한 소자의 전기적 성질(직선의 기울기에 해당)을 커패시턴스(C)라고 말한다.

$$Q = CV \text{ 쿨롱} \tag{13.14a}$$

콘덴서에 인가된 전압이 교류인 경우 [그림 13.3] (b)에서 콘덴서는 C가 일정하더라도 이를 통해 흐르는 전류는 이 콘덴서 양단에 인가된 전압의 시간적 변화율에 비례한다. 즉 시간적 변화를 갖는 전압 v_c가 콘덴서의 양단에 인가될 때 이를 흐르는 전류 i_c는 식 (13.14b)와 같다.

$$i_c = C\frac{dv_c}{dt} \text{ 암페어} \tag{13.14b}$$

여기서 C는 전류와 전압의 시간적 변화율 사이의 관계를 결정짓는 비례상수, 즉 콘덴서스의 용량에 해당된다. 콘덴서의 전기적 특성곡선을 나타내는 또 한 가지 방법으로 식 (13.14b)를 [그림 13.4]와 같이 나타내는 것이다.

즉 콘덴서 양단에 나타나는 신호의 주파수에 따라 동일한 용량을 갖는 콘덴서라도 이를 통해 흐르는 전류는 달라진다. 전압, 전류가 정현파인 경우 이들 관계를 페이저로 표기하면 다음과 같다.

$$\boldsymbol{I}_c = jwC\boldsymbol{V}_c \text{ 암페어} \tag{13.15}$$

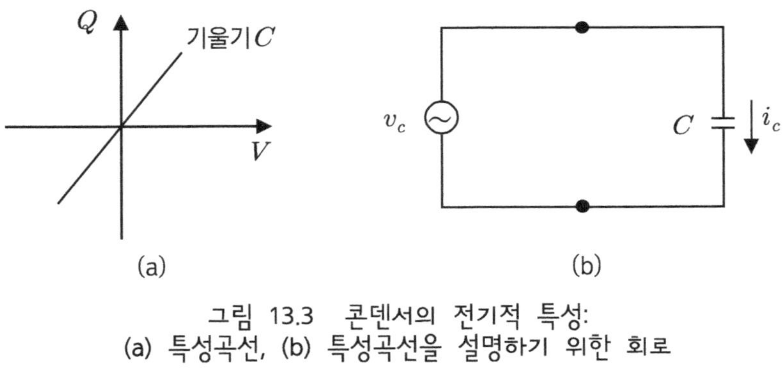

그림 13.3 콘덴서의 전기적 특성:
(a) 특성곡선, (b) 특성곡선을 설명하기 위한 회로

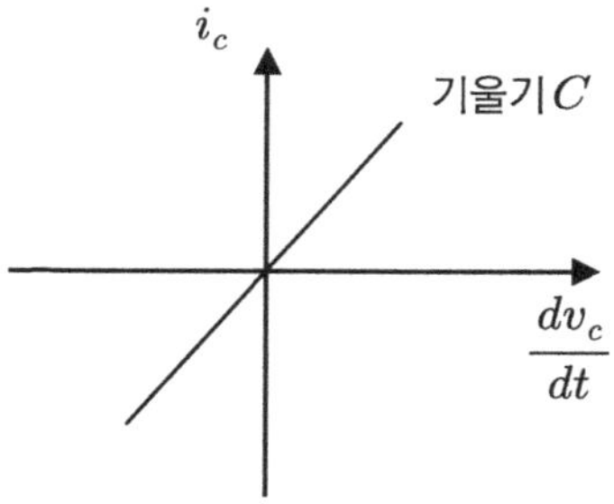

그림 13.4 콘덴서의 전기적 특성을 나타내는 다른 한 가지 방식

혹은

$$V_c = \frac{I_c}{jwC} \quad \text{볼트} \tag{13.16}$$

여기서 V_c와 I_c는 각각 순시 전압 v_c와 전류 i_c의 페이저 표기이다.

콘덴서를 흐르는 전류는 직류전압(주파수 0 Hz)이 인가되면 정상상태에서 전기적으로 개방현상이 일어난다. 반면에 인가전압의 주파수가 높아짐에 따라 임피던스 크기가 작아져 점차 도선에 가까운 역할을 한다. 그러므로 주파수가 무한대에 가까우면 전기적으로 단락 현상이 일어난다.

13.2 실험준비

1) 실험기기 및 부품

- 저항: 1 kΩ 2개, 10 kΩ 1개
- 코일: 3 mH 1개
- 교류용 콘덴서: 0.1 μF 1개
- 브레드보드: 1대
- 디지털멀티미터: 1대
- 함수발생기: 1대
- 오실로스코프: 1대

2) 기타 실험준비

- [표 13.1]의 이론값을 식 (13.17)에 의해 구한다.
- [표 13.2]의 이론값을 식 (13.18)에 의해 구한다.
- [표 13.3]의 이론값을 식 (13.19a) 혹은 식 (13.19b)에 의해 구한다.

13.3 실험방법

1) 저항의 전기적 특성

본 실험에서는 인가되는 교류전압 v_s의 주파수 변화에 대한 저항 R_2의 전기적 특성을 관찰하고자 한다. 실험절차는 아래와 같다.

① $R_1 = 1$ ㏀, $Z_2 = 1$ ㏀으로 하는 순수 저항회로를 [그림 13.5]와 같이 구성한다. 이때 전원 v_s는 진폭 10 V, $f = 1$ ㎑로 한다.

② R_2양단에 나타나는 전압 v_{R_2}를 오실로스코프로 측정하여 [표 13.1]에 기록한다.

③ 진폭은 일정하게 하고 인가전압 주파수를 [표 13.1]에 기재된 값으로 변화시키면서 ②의 과정을 반복한다.

④ 저항 R_2에 나타나는 전압의 이론값과 실험값 각각에 대해 R_2의 주파수 특성을 관측한다. 단 R_2에 나타나는 전압의 이론값은 식 (13.17)과 같다.

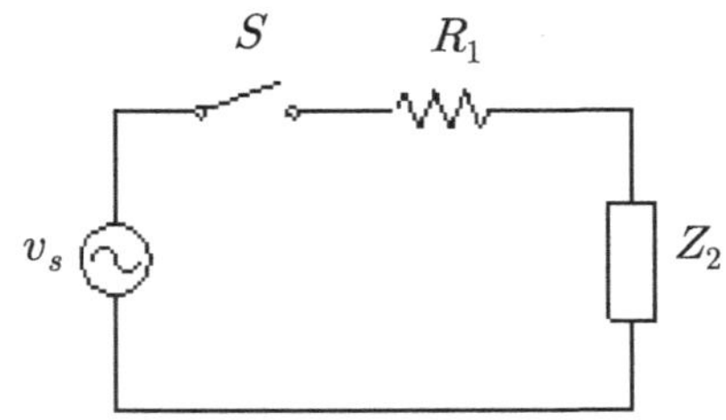

그림 13.5 저항의 전기적 특성 실험을 위한 회로

$$v_{R_2} = \frac{R_2}{R_1 + R_2} v_s \quad \text{볼트} \tag{13.17}$$

⑤ 주파수에 따른 부하 전압의 증감 상태를 관찰한다. 이론적으로는 주파수에 따라 증감이 없어야 한다.

2) 코일의 전기적 특성

코일의 전기적 특성 실험에는 전류원이 필요하나 현실적으로 전류원을 사용하기는 어렵다. 따라서 전압원을 사용하여 간접적 실험을 수행하고자 한다. 즉 일정한 진폭의 교류전압에서 주파수만 변화시키면서 코일에서 측정되는 전압을 관찰함으로 주파수에 따른 코일의 전기적 특성을 알아보고자 한다. 주파수가 높아짐에 따라 코일 양단에서 측정되는 전압은 높아져야 한다.

실험절차는 아래와 같다.

① $R_1 = 10\ \text{k}\Omega, \boldsymbol{Z}_2$를 3 mH의 코일을 사용하여 [그림 13.5]의 회로를 구성한다. 이때 전원 v_s는 진폭 10 V, 주파수 1kHz로 한다.

② 코일 양단에 나타나는 전압 v_L을 측정하여 [표 13.2]에 기록한다.

③ 전원 v_s의 진폭은 일정하게 하고, 주파수를 [표 13.2]에 기재된 값으로 변화시키면서 ②의 과정을 반복한다.

④ L에 나타나는 전압의 이론값과 측정값에 대해 비교하면서 주파수 특성을 이해한다. L양단에 나타나는 전압의 이론값을 구하여 [표 13.2]에 기록한다. 단, 이론값은 다음 식 (13.18)의 진폭으로 취한다.

$$V_L = \frac{jwL}{R + jwL} V_s \qquad \text{볼트} \tag{13.18}$$

⑤ 주파수에 따른 부하 전압의 증감 상태를 관찰한다. 이론적으로는 주파수가 증가함에 따라 부하전압이 증가하여야 한다.

3) 콘덴서의 전기적 특성

① $R_1 = 1$ kΩ, Z_2는 0.1 μF 콘덴서로 하여 [그림 13.5]의 회로를 구성한다. 이 때 전원 v_s는 진폭을 10 V, 주파수는 10 kHz로 조정한다.

② 콘덴서 양단을 오실로스코프에 연결한다.

③ 콘덴서 양단에 나타나는 전압 v_C의 첨두치가 5 V가 되도록 조정한다.

④ 스위치 S 부분을 이용하여 디지털멀티미터로 $R_1 - C$ 직렬회로를 흐르는 전류를 측정하여 [표 14.3]에 기록한다.

⑤ v_s의 주파수를 [표 14.3]에 기재된 값으로 변화시키면서 ③-④의 과정을 반복한다.

⑥ 주파수의 변화에 따라 C를 통해 흐르는 전류의 이론값과 측정값을 비교하면서 주파수 특성을 이해한다. 단 이론값은 다음 식 (13.19a)를 참고로 계산하는데, 이 식의 진폭에 $1/\sqrt{2}$배를 곱하면 교류의 실효치를 구할 수 있다. 즉 i_c의 실효치 $i_c|_{eff}$는 식 (13.19b)와 같이 얻을 수 있다.

$$\begin{aligned} i_c &= C\frac{dv_c}{dt} = C\frac{d}{dt}[A\sin(2\pi ft)] \\ &= 2\pi fCA\cos(2\pi ft) \quad \text{Ampere} \end{aligned} \tag{13.19a}$$

$$i_c|_{eff} = \frac{2\pi fCA}{\sqrt{2}} \qquad \text{Ampere} \tag{13.19b}$$

⑦ 주파수에 따른 콘덴서 C를 흐르는 전류의 증감 상태를 관찰한다. 이론적으로는 주파수가 증가함에 따라 부하전류는 증가하여야 한다.

⌘ 위의 실험에서 전압, 주파수, 저항, 콘덴서, 코일의 용량은 지도교수나, 조교 선생님의 지시에 따라 적절한 다른 값으로 대체하여도 무방함.

13.4 실험결과

표 13.1 저항의 전기적 특성 실험결과

주파수 (kHz)	R_2 양단 전압 v_{R_2}(V)		오차	주파수에 따른 부하 전압의 증감 상태
	이론값	측정값	이론값 - 측정값	
1				
2				
3				
4				
5				

표 13.2 코일의 전기적 특성 실험결과

주파수 (kHz)	L 양단 전압 v_L(V)		오차	주파수에 따른 부하 전압의 증감 상태
	이론값	측정값	이론값 - 측정값	
1				
2				
3				
4				
5				

표 13.3 콘덴서의 전기적 특성 실험결과

주파수 (kHz)	$R-C$ 직렬회로를 흐르는 전류		오차	비고
	이론값	측정값	이론값 - 측정값	
10				
20				
30				
40				
50				

13.5 검토

이론적으로 계산된 값과 측정에 의한 값을 비교해 본다. 오차가 있으면 원인분석을 하고 오차를 제거할 수 있는 방안이 무엇인지 검토한다.

실험 14. 최대 전력 전달 회로

목적

- ✓ 전기, 전자 회로에서 부하에 최대 전력이 전달될 수 있는 조건을 구하는 방법을 익힌다.
- ✓ 전기, 전자 회로에서 전원과 부하의 임피던스 정합에 대한 개념을 학습한다.

14.1 관련이론

회로의 전원에서 부하로 전력을 최대로 전달하기 위한 조건인 전원과 부하의 임피던스정합에 대한 실험을 수행하고자 한다. 이러한 전원과 부하의 관계를 학습하기 위해 부하에 공급되는 전력을 유도하고, 유효전력과 무효전력에 대한 개념을 이해하고자 한다.

1) 전력

[그림 14.1] (a)와 같이 일반적인 회로망에서 2단자에 접속된 부하에 나타나는 전압과 부하를 흐르는 전류 사이에 [그림 14.1] (b)와 같이 θ의 위상차를 갖는다고 가정하자.

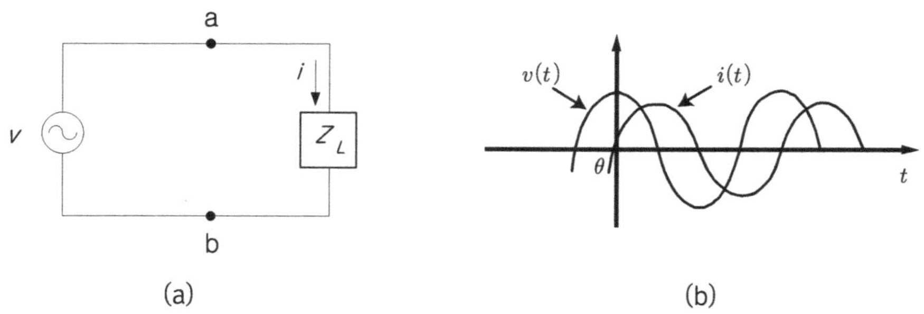

그림 14.1 두 단자 사이의 전압과 전류의 위상차: (a) 전압과 전류의 위상 관계를 설명하기 위한 회로, (b) 회로 (a)에서 단자 a와 b 사이의 전압과 전류의 위상차

즉 2단자에 접속된 부하에 인가된 전압과 부하를 통해 흐르는 전류의 순시치를 각각

$$v(t) = V_m \cos(wt+\theta) \text{ 볼트} \tag{14.1}$$

$$i(t) = I_m \cos wt \text{ 암페어} \tag{14.2}$$

라 하자.

임의의 2단자 사이의 부하 전압과 전류의 위상차가 식 (14.1) 및 (14.2)와 같이 θ의 위상차가 있는 경우 전압을 기준으로 볼 때, 전압과 전류는 [그림 14.2]와 같이 동상성분과 90° 위상차 성분으로 분류될 수 있다. 즉 전류가 전압과 동상인 성분은 $I_m\cos\theta$가 되고, 90° 위상차 성분(그림의 점선성분)은 $I_m\sin\theta$가 된다.

부하 임피던스 $\boldsymbol{Z}$는

$$\boldsymbol{Z} = \frac{\boldsymbol{V}}{\boldsymbol{I}} = \frac{V_m}{I_m}e^{+j\theta} \tag{14.3}$$

로 표현된다. 여기서 $\boldsymbol{V}$와 $\boldsymbol{I}$는 각각 v와 i의 페이저 표기이다.

만약 임피던스 $\boldsymbol{Z}$가 단순히 저항 성분만으로 되어 있다면 $\theta = 0$이 된다. 한편 $\boldsymbol{Z}$가 단순 인덕턴스만으로 이루어진 경우라면 전류는 전압보다 위상이 90° 앞서고, $\boldsymbol{Z}$가 단순 커패시턴스만으로 된 경우라면 전류는 전압보다 위상이 90° 뒤진다.

회로의 부하에 공급되는 전력의 순시치, 즉 순시전력 p는

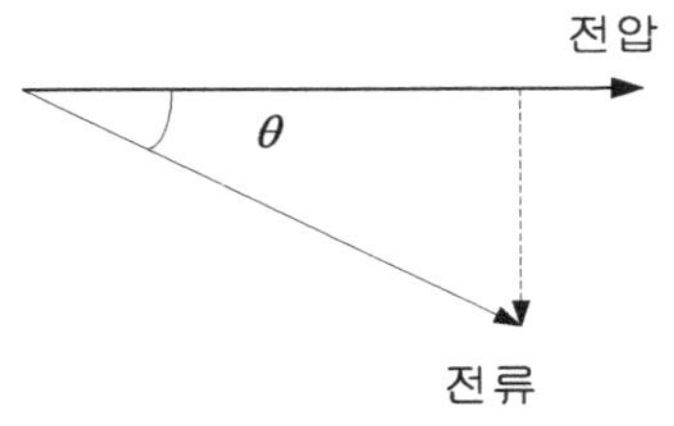

그림 14.2 [그림 14.1] 회로에서 두 단자 사이의 전압에 대한 전류의 동상 성분과 90° 위상차 성분

$$p = vi = I_m V_m \cos wt \cos(wt+\theta)$$
$$= \frac{I_m V_m}{2}\{\cos\theta + \cos(2wt+\theta)\} \quad (14.4)$$

가 된다. 식 (14.4)에서 알 수 있듯이 순시전력은 시간에 따라 변한다. $p<0$인 경우에는 회로에서 전원으로 에너지를 공급하는 경우이다. 이것은 $p>0$일 때 전원에서 부하로 전력을 공급받아 콘덴서나 코일에 에너지를 축적을 하였다가 $p<0$일 때 축적된 에너지를 다시 전원으로 공급한다는 것을 의미한다.

2) 유효전력과 무효전력

식 (14.4)에서 평균전력을 생각해 보면, 등호 오른쪽의 제 2항은 한 주기 동안 평균이 0이 된다. 따라서 부하로 공급하는 평균전력 P_{av}는 식 (14.5)와 같다.

$$P_{av} = \frac{I_m V_m}{2} cos\theta \quad (14.5)$$

이와 같이 임의의 회로망에서 전류가 전압과 동상인 성분은 회로의 평균전력에 기여하며, 90° 위상차 성분은 평균전력에 기여하지 못한다. 이러한 의미에서 전압에 대한 전류의 동상 성분과 90° 위상차 성분을 각각 유효전류(active current)와 무효전류(reactive current)라 한다. 평균전력을 유효전력 또는 단순히 전력이라고도 하며, 무효전력을 피상전력이라고도 한다.

유효전력(active power)과 무효전력(reactive power)을 각각 P와 Q로 표현하면

$$P = \frac{I_m V_m \cos\theta}{2} \quad (14.6)$$

$$Q = \frac{I_m V_m \sin\theta}{2} \quad (14.7)$$

이 된다. 유효전력의 단위는 와트(watt)이며, 무효전력의 단위는 발(bar: volt-ampares reactive)이다.

어떤 회로망에 공급되는 유효전력 P와 무효전력 Q를 각각 실수부와 허수부로 구성하는 복소수를 복소전력으로 정의한다. 즉 복소전력을

$$S = P + jQ \tag{14.8}$$

로 정의한다. 같은 방법으로 전압과 전류를 각각 페이저 V, I로 나타낼 때, 유효전력 P와 무효전력 Q는 각각

$$P = Re\{VI^*\}$$
$$Q = I_m\{VI^*\}$$

으로 나타낼 수 있다. 여기서 첨자 *는 공액복소수를 나타낸다.

3) 최대 전력전달과 임피던스 정합

지금까지의 내용을 바탕으로 부하에 최대의 전력 공급이 어떤 조건에서 일어나는지에 대해 아래 [그림 14.3]을 참고로 살펴보자.

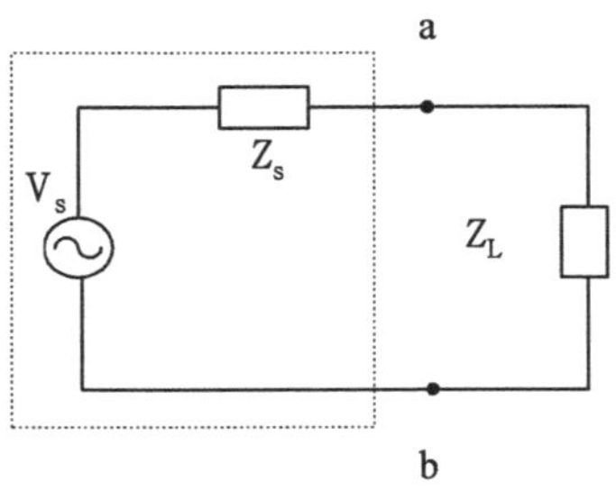

그림 14.3 전기전자 회로에서 부하에 최대 전력전달이 일어나기 위한 조건을 설명하기 위한 회로도

즉 정현파 교류전원을 포함하는 [그림 14.3] 회로의 단자 a-b의 오른쪽에 부하$\boldsymbol{Z}_L$을 연결할 때, 부하$\boldsymbol{Z}_L$에 최대의 전력이 전달되는 조건을 구해 보자. [그림 14.3]의 점선 부분에 속하는 능동회로의 내부 임피던스를 $\boldsymbol{Z}_s = R_s + jX_s$라 하고, 부하 임피던스를 $\boldsymbol{Z}_L = R_L + jX_L$이라 하자. 이 때 부하$\boldsymbol{Z}_L$에 인가된 전압과 이를 흐르는 전류는 각각

$$\boldsymbol{V}_L = \frac{\boldsymbol{Z}_L}{\boldsymbol{Z}_s + \boldsymbol{Z}_L}\boldsymbol{V}_s \tag{14.9}$$

$$\boldsymbol{I}_L = \frac{\boldsymbol{V}_s}{\boldsymbol{Z}_s + \boldsymbol{Z}_L} \tag{14.10}$$

가 된다.

부하 $\boldsymbol{Z}_L$에 공급되는 시평균(time average) 전력은 식 (14.8)~(14.10)으로부터

$$\begin{aligned} P_L &= \frac{Re\{\boldsymbol{Z}_L\}}{|\boldsymbol{Z}_S + \boldsymbol{Z}_L|^2}|\boldsymbol{V}_s|^2 \\ &= \frac{R_L}{(R_s + R_L)^2 + (X_s + X_L)^2}|\boldsymbol{V}_s|^2 \end{aligned} \tag{14.11}$$

이 된다. 여기서 교류전원$\boldsymbol{V}_s$는 진폭과 주파수가 일정하므로 $|\boldsymbol{V}_s|^2$은 상수의 값을 가진다. 그리고 능동회로의 내부 임피던스는 일정하므로 R_s와 X_s는 또한 상수의 값을 갖는다. 이러한 상태에서 P_L이 최대가 되기 위한 Z_L의 조건은

$$\frac{\partial P_L}{\partial R_L} = 0 \tag{14.12a}$$

$$\frac{\partial P_L}{\partial X_L} = 0 \tag{14.12b}$$

을 만족할 때이다. 먼저 식 (14.12b)의 조건으로부터

$$\frac{\partial P_L}{\partial X_L} = \frac{-2R_L(X_s + X_L)}{[(R_s + R_L)^2 + (X_s + X_L)^2]^2} \mid V_s \mid^2 = 0 \tag{14.13a}$$

이 성립되어야 한다. 한편 식 (14.12a)의 조건으로부터

$$\frac{\partial P_L}{\partial R_L} = \frac{(R_s + R_L)^2 + (X_s + X_L)^2 - 2R_L(R_s + R_L)}{[(R_s + R_L)^2 + (X_s + X_L)^2]^2} \mid V_s \mid^2 = 0 \tag{14.13b}$$

이 성립되어야 한다. 식 (14.13a)로 부터 $X_s = -X_L$이 성립되어야 한다. 이 조건을 식 (14.13b)와 함께 사용하면 $R_s = R_L$이 성립되어야 한다. 이 두 가지 조건을 다시 정리하면

$$Z_s = Z_L^* \tag{14.14}$$

이 성립되어야 한다. 여기서 *는 공액복소수를 나타낸다. 즉 $Z_s = Z_L^*$일 때 전원이 부하에 최대의 전력을 공급할 수 있다. 이 때 전력은 식 (14.15)와 같다.

$$P_L|_{max} = \frac{\mid V_s \mid^2}{4R_s} = \frac{\mid V_s \mid^2}{4R_L} \tag{14.15}$$

능동회로가 부하에 최대의 전력을 전달할 수 있도록 부하 임피던스 Z_L이 설계되었을 때 우리는 전원과 부하 사이에 임피던스 정합(공액접합)이 이루어졌다고 한다.

지금까지의 내용을 정리하면, 임의의 능동회로의 부하 임피던스 Z_L이 능동회로의 내부 임피던스 Z_s의 공액복소수와 같을 때, 즉 $Z_L = Z_s^*$이 될 때 능동회로는 부하 Z_L에 최대의 전력을 공급할 수 있으며, 이 때 전원 Z_s와 부하 Z_L은 임피던스정합이 이루어졌다고 말한다.

14.2 실험준비

1) 실험기기 및 부품

- 저항: 500 Ω 2개, 정밀 가변저항: 1 ㏀ 2개
- 코일: 10 mH 1개
- 교류용 콘덴서: 0.01 μF 1개
- 브레드보드: 1개
- 멀티미터: 1대
- 오실로스코프: 1대
- 함수발생기: 1대

2) 기타 실험준비

- 없음.

14.3 실험방법

편리성을 위해 전원을 직류로 선택하고 부하임피던스도 단순 저항으로 선택하여 실험을 수행하고자 한다. 실험절차는 아래와 같다.

① $V=10$볼트, 저항 R_1을 1 kΩ, 저항 R_L을 10 ㏀의 정밀 가변저항으로 하여 [그림 14.4]의 회로를 구성한다.

② 스위치 S_1과 S_2를 개방한다.

③ 저항 R_1의 값을 디지털 멀티미터를 사용하여 정밀하게 측정하여 [표 14.1]에 기입한다.

④ $R_L=800\ \Omega$으로 맞춘다.

⑤ 스위치 S_1과 S_2를 닫는다.

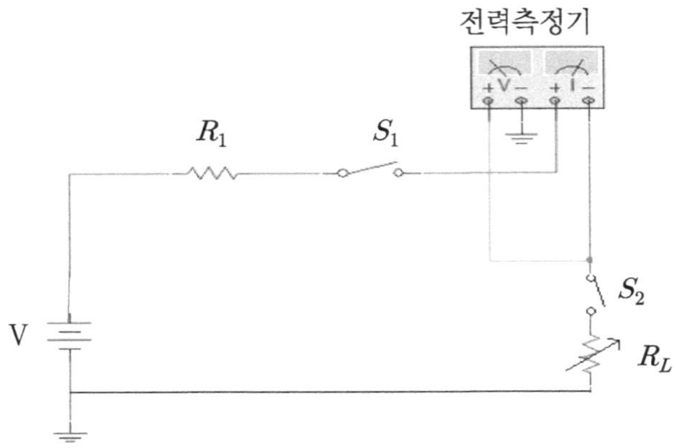

그림 14.4 최대전력전달 실험을 위한 회로

⑥ R_L의 전력을 측정하여 [표 14.1]에 기입한다.

⑦ 가변저항 R_L을 측정한 저항 R_1의 값 부근에서 조금씩 세밀하게 변화시키면서 전력측정기에 최대치가 나오도록 조정한다. 이때 전력을 [표 14.1]에 기입한다.내부저항 값이 알려진 경우는 R_L을 'R_1 측정값 + 내부 저항값'에 맞춘다.

⑧ 스위치 S_2를 개방하고 가변저항 R_L을 1,200 Ω으로 맞춘다.

⑨ 스위치 S_2를 닫고 R_L의 전력을 측정하여 [표 14.1]에 기입한다.

⑩ 이론적 최대 전력은 식 (14.15)에 의해 다음과 같이 계산하여 [표 14.1]에 기입한다.

$$P_L|_{max} = \frac{10^2}{4(R_1 + \text{전원내부저항})}$$

⑪ 부하 R_L을 800~1200 Ω 사이에서 값을 변화시키면서 최대 전력을 측정하여 표 14.1에 표기한다. 실제 최대 전력이 일어나는 지점은 전원의 내부저항과 R_1이 합친 값 부분이다. 이론적으로 최대 전력이 일어나는 지점과 일치하는지를 비교한다.

⌘ 위의 실험에서 전압, 주파수, 저항, 코일, 콘덴서의 크기 혹은 용량은 지도교수나, 조교 선생님의 지시 하에 적절한 다른 값으로 대체하여도 무방함.

14.4 실험결과

표 14.1 최대전력전달에 대한 실험결과

R_1(kΩ) (측정값)	R_L(Ω) (측정값)	부하공급 전력 P_L (측정값)	이론적 최대전력 P_L(mW)
	800		
	최대 전력치가 측정된 R_L값		
	1,200		

14.5 검토

이론적으로 최대 전력이 일어나는 지점에서 측정된 최대 전력이 일어나는지를 확인한다. 예상과 일치하지 않으면 원인 분석을 한다.

실험 15. *RC* 직렬회로와 *RL* 직렬회로

목적

- ✓ $R-C$ 직렬회로에서 시정수 값에 따른 과도응답 현상을 학습한다.
- ✓ $R-L$ 직렬회로에서 시정수 값에 따른 과도응답 현상을 학습한다.

15.1 관련이론

지금까지는 정현파 전원이 인가된 정상상태의 회로 응답을 취급하였다. 그런데 전기전자회로를 취급할 때 스위칭에 의해 전원이 회로소자에 갑자기 인가 또는 제거되면 교란상태가 일어나며, 이러한 교란 상태를 거쳐 정상상태에 이른다. 따라서 교란 상태가 시간에 따라 어떻게 진행되는지를 이해하는 것도 전기전자공학을 취급하는 사람들에게는 매우 중요하다.

전기전자회로에서 스위칭이 일어난 이후부터 시간에 따라 소자 혹은 시스템이 어떻게 응답하는가를 우리는 시스템의 시간응답(Time Response)이라 한다. 시간응답은 대상 시스템의 성능을 분석하거나 평가하는데 중요한 요소로 작용하며, 이는 크게 과도응답(Transient Response)과 정상상태응답(Steady-State Response)으로 구분된다. 과도응답은 스위칭이 일어난 직후부터 특정의 정상적인 상태에 이르기까지의 시간응답을 말하며, 정상상태응답은 스위칭이 일어난 후 충분한 시간이 지난 뒤의 시간응답을 말한다. 과도응답은 정상상태응답과 함께 소자 혹은 시스템의 중요한 성능지표로 이용된다.

콘덴서는 직류 전원이 연결되면 전기를 저장하는 역할을 하고, 교류 전원(혹은 신호원)이 연결되면 필터기능을 수행한다. 콘덴서는 전하를 저장하는 기능을 할 경우 용량이 클수록 많은 전하를 저장할 수 있고, 필터 기능을 수행할 경우 용량이 클수록 또한 주파수가 높을수록 전류를 잘 통과시킨다.

한편 코일이란 동선과 같은 선재를 나선 모양으로 감은 것이다. 코일을 인턱터(Inductor)라고도 하며, 코일의 성분 정도를 나타내는 것을 인덕턴스라 한다. 인덕턴스의 단위는 헨리(Henry: H)이다.

코일은 전류의 흐름을 안정시키려고 하는 성질이 있다. 전류의 변화가 일어나려하면 코일은 이 전류의 변화를 일어나지 않게 하려는 성질이 있다. 이것을 "렌츠의 법칙"이라 부른다. 즉 전자유도작용에 의해 회로에서 발생하는 유도전류는 항상 유도작용을 일으키는 자속의 변화를 방해하는 방향으로 흐른다는 것이다. 두 번째 성질로는 상호유도작용이 있다는 것이다. 즉 두 코일을 가까이 하면 한쪽 코일의 전력을 다른 쪽 코일에 전달하는 설질을 말한다. 이 성질을 이용한 것이 변압기(Transformer))이다. 전력을 공급하는 쪽의 코일(입력)을 1차측, 전력을 꺼내는 쪽(출력)을 2차측이라고 한다. 1차측 권선수와 2차측 권선수의 비율에 따라 2차측의 전압 크기가 변화한다. 이러한 성질 때문에 코일에도 콘덴서와 같이 스위칭이 일어날 때 과도현상을 보인다.

본 실험에서는 $R-C$ 직렬회로와 $R-L$직렬회로의 시간응답을 살펴보기로 한다.

1) $R-C$ 직렬회로

우선 [그림 15.1]의 $R-C$ 직렬회로를 중심으로 시간응답 특성을 살펴보자. 이 회로에서 스위치 S가 열려 있다가 닫히는 순간 시각을 $'t=0'$이라 하자. 그리고 이때 콘덴서 양단의 초기전압을 V_0라 하고, 좌측의 인가 직류전압을 E라 하자. 스위치 S가 닫힌 이후 콘덴서에 나타나는 전압을 $v_C(t)$라 할 때, 콘덴서를 통해 흐르는 전류 $i(t)$는 다음과 같다.

$$i(t) = C\frac{dv_C(t)}{dt} \tag{15.1}$$

이 회로에 키르히호프 전압법칙을 적용하면 폐회로 내부의 전압관계는 다음과 같다.

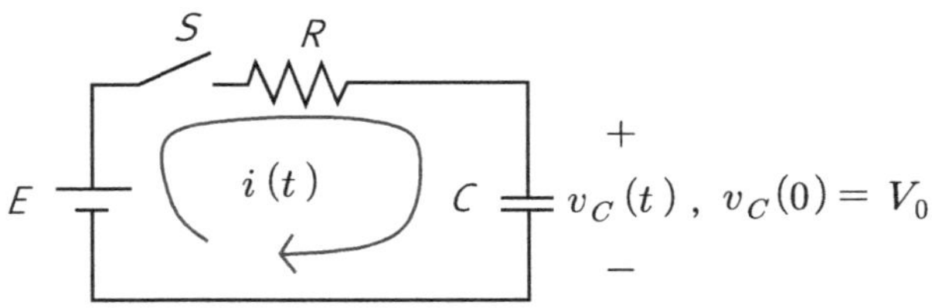

그림 15.1 $R-C$ 직렬회로

$$E = Ri(t) + v_C(t)$$

$$= RC\frac{dv_C(t)}{dt} + v_C(t)$$

이 식을 다시 정리하면 식 (15.2)가 된다.

$$\frac{dv_C(t)}{dt} + \frac{1}{RC}v_C(t) = \frac{E}{RC}$$

혹은

$$\frac{dv_C(t)}{dt} + \frac{1}{\tau}v_C(t) = \frac{E}{\tau} \tag{15.2}$$

여기서 $\tau = RC$를 나타내며 τ를 시정수라 부른다. 식 (15.2)는 미분방정식이므로 이 방정식의 일반해를 구해야 시간응답을 알 수 있다.

1-1) 자연응답

식 (15.2)의 미분 방정식에 대한 일반해를 구하려면 우선 $E = 0$으로 놓은 후 해를 구해야 한다. 즉 $E = 0$일 때 식 (15.2)를 만족하는 $v_C(t)$를 $x_C(t)$라 하자. 즉

$$\frac{dx_C(t)}{dt} + \frac{1}{\tau}x_C(t) = 0$$

의 미분방정식 해 $x_C(t)$는 다음과 같다.

$$x_C(t) = Ke^{-t/\tau} \tag{15.3a}$$

단 K는 초기조건을 만족하는 상수 값이다. $x_C(t)$는 회로 내에 구동 전원이 없는 경우 ($E = 0$) $R-C$ 직렬 회로의 응답이며, 이를 자연응답(Natural Response)이라 한다. 즉 $t = 0$에서 콘덴서가 갖고 있는 초기 전하에 의한 초기 전압 V_0가 있는 경우 식 (15.3a)의

해는 식 (15.3b)와 같이 표현된다.

$$x_C(t) = V_0 e^{-t/\tau} \tag{15.3b}$$

1-2) 완전응답

식 (15.3b)는 구동 전원이 없고 콘덴서의 초기 전압이 V_0인 경우 $R-C$ 직렬 형태의 폐회로에 대한 시간응답을 나타낸다. 그런데 $E \neq 0$인 경우의 응답을 알기 위해서는 식 (15.3a)에서 K를 함수 $f(t)$라 놓고 응답을 풀면 된다[22]. 즉 K를 함수 $f(t)$라 놓을 때 응답 $v_C(t)$는

$$v_C(t) = f(t)e^{-t/\tau} \tag{15.4}$$

이 된다. 이 식을 원 미분방정식 (15.2)에 대입하여 풀면

$$v_C(t) = E + Ae^{-t/\tau} \tag{15.5}$$

가 된다. 여기서 A는 초기조건을 만족하는 상수이다. 즉 $E \neq 0$이고 $t=0$에서 콘덴서 양단의 전압이 V_0라는 초기조건을 식 (15.5)에 사용하면

$$A = V_0 - E \tag{15.6}$$

가 된다. 식 (15.5)와 (15.6)으로부터 $t=0$ 이후의 응답은

$$v_C(t) = E + (V_0 - E)e^{-t/\tau} \tag{15.7}$$

이 된다. 식 (15.7)을 $R-C$ 직렬회로의 완전응답(Complete Response)이라 한다. 특히 시간이 충분히 흐른 다음, 즉 $t=\infty$일 때는 식 (15.7)에 의해 콘덴서 양단에는 전압 E가 걸리게 된다. $E \neq 0$일 때의 응답을 $R-C$ 직렬회로의 강제응답(Forced Response)이라고도 한다.

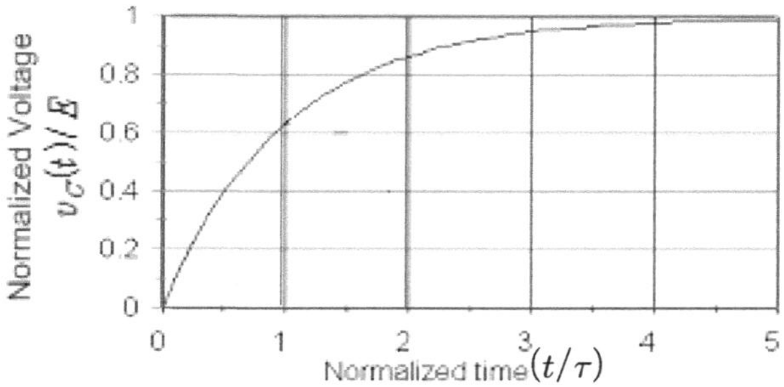

그림 15.2 콘덴서의 초기 전압이 $V_0 = 0$일 때 $R-C$ 직렬회로의 과도응답

$R-C$ 직렬회로에서 자연응답 성분은 $t=0$에서 초기조건을 만족시키고, 시간이 경과함에 따라 콘덴서 전압은 증가하면서 $t=\infty$에서 정상상태에 도달하게 되는데, 이와 같이 초기상태에서 정상상태로 도달하는 과정의 응답을 과도응답(Transient Response)이라 한다.

$R-C$직렬회로에서 콘덴서의 초기상태를 $V_0=0$라 할 때 이 경우 $'t \geq 0'$에 대해 과도응답을 살펴보면 [그림 15.2]와 같다.

2) $R-L$ 직렬회로

여기서부터는 저항과 코일로 구성된 $R-L$ 직렬회로의 과도응답 특성을 [그림 15.3]을 참고로 자세히 살펴보기로 한다.

[그림 15.3]의 회로에서 스위치 S가 열린 상태에서 코일 L을 통해 전류 I_0가 흐르고 있을 때 순간 스위치를 닫는다고 가정하자. 스위치를 닫는 순간의 시각을 $t=0$라 하자. 코일

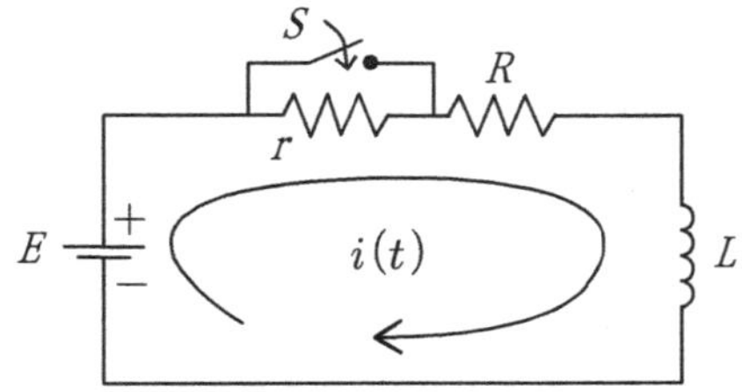

그림 15.3 $R-L$ 직렬회로

을 흐르는 전류는 순간적으로 jump를 할 수 없으므로 $i(0)=I_0$가 된다. 그리고 코일 L의 양단에 나타나는 전압 $v_L(t)$는

$$v_L(t)=L\frac{di(t)}{dt}$$

가 된다. [그림 15.3]의 폐회로에 $t=0$에서 키르히호프전압법칙을 적용하면 다음과 같다.

$$Ri(t)+L\frac{di(t)}{dt}=E$$

이 식을 다시 정리하면 식 (15.8)과 같다.

$$\frac{di(t)}{dt}+\frac{R}{L}i(t)=\frac{E}{L} \tag{15.8}$$

2-1) 자연응답

전류 $i(t)$의 시간적 응답을 살펴보려면 먼저 식 (15.8)의 미분방정식의 일반해를 구해야 한다. 식 (15.8)의 일반해를 구하려면 $E=0$인 제차방정식의 해를 먼저 구해야 한다. $E=0$일 때 식 (15.8)의 해를 $i_m(t)$이라 하면 이는

$$i_m(t)=Ke^{-t/\tau} \tag{15.9}$$

이 된다. 식 (15.9)에서 $\tau(=L/R)$를 시정수라 부르며, K는 상수이다. 초기 조건을'$t=0$'에서 '$i_m(0)=I_o$'라 가정하면 식 (15.9)는 다음과 같이 표현할 수 있다.

$$i_m(t)=I_o\,e^{-t/\tau} \tag{15.10}$$

회로 내에서 구동전원이 없는 경우의 시간응답인 식 (15.10)을 $R-L$ 직렬 회로의 자연응답(Natural Response)라 부른다.

2-2) 완전응답

식 (15.8)의 완전해는 제차방정식의 해($E=0$인 경우의 해)인 식 (15.9)에서 $K=f(t)$라 두고 풀면 얻을 수 있다. 즉

$$i(t)=f(t)e^{-t/\tau} \tag{15.11}$$

와 같이 놓고, 식 (15.11)을 식 (15.8)에 대입하여 $f(t)$를 구하면 다음과 같다.

$$f(t)=\frac{E}{R}e^{t/\tau}+A \tag{15.12}$$

여기서 A는 적분 상수이다. 식 (15.12)를 식 (15.11)에 대입하면

$$i(t)=\frac{E}{R}+Ae^{-t/\tau} \tag{15.13}$$

을 얻을 수 있다. 식 (15.13)에서 '$t=0$일 때 전류 $i(0)=I_0$'의 초기 조건을 대입하면 $A=I_0-E/R$을 얻을 수 있다. 따라서 $t\ge 0$에서 [그림 15.3]의 회로응답은

$$i(t)=\frac{E}{R}+(I_0-\frac{E}{R})e^{-t/\tau} \tag{15.14}$$

이 된다. 즉 식 (15.14)은 [그림 15.3] $R-L$ 직렬회로의 완전응답(Complete Response)을 나타낸다. 식 (15.14)의 등호 왼쪽 첫 번째 항 E/R은 시간이 충분히 흐른 다음 회로의 정상상태응답을 타나내며, 두 번째 항 $(I_0-E/R)e^{-t/\tau}$은 스위치가 열리는 순간부터 정상상태에 도달할 때까지의 과도응답을 타나낸다.

$I_0=0$일 때 '$t\ge 0$'에 대한 [그림 15.3] $R-L$ 직렬 회로의 과도응답이 [그림 15.4]에 보인다.

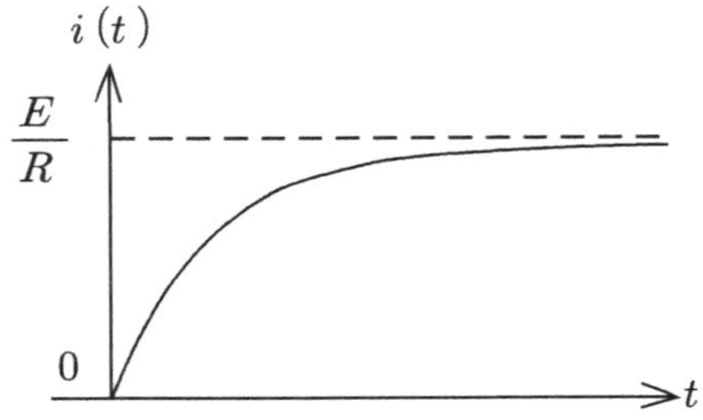

그림 15.4 코일의 초기 전류가 $I_0 = 0$일 때 $R-L$ 직렬 회로의 과도 응답

15.2 실험준비

1) 실험기기 및 부품

- 오실로스코프: 1대
- 함수발생기: 1대
- 브레드보드: 1대
- 'C' 혹은 'MATLAB' 프로그램 언어
- PC(컴퓨터): 1대
- 저항(50 Ω, 1 kΩ, 4.7 kΩ): 각각 1개
- 저항(100 Ω): 2개
- 콘덴서(0.1 μF): 1개
- 코일(10 mH): 1개

2) 기타 실험준비

- 시정수의 이론치를 계산하여 [표 15.1]에 기재한다.
- 식 (15.9)에서 시정수 τ의 이론치를 계산하여 [표 15.1]에 기재한다.

15.3 실험방법

여기에서는 '$R-C$ 직렬회로와 $R-L$ 직렬회로'의 과도응답에 대한 실험을 수행하기로 한다.

1) $R-C$ 직렬회로

[그림 15.3]과 같이 $R-C$ 직렬회로를 구성하여 콘덴서의 충전 및 방전 현상을 오실로스코프를 통해 관찰하고, 시정수 RC의 값의 변화에 따른 파형을 관찰하는 $R-C$ 직렬 회로의 과도응답을 실험하고자 한다.

① $R=1$ kΩ, $C=0.1$ μF, 구형파 전압원을 사용하여 [그림 15.5]의 회로를 구성한다. 단, $V_0=0$, 구형파 펄스(High: 5 V, Low: 0 V, 주파수: 1 kHz)의 사각파를 사용한다. 여기서 입력을 직류 대신 낮은 주파수의 사각파형을 사용하는 것은 콘덴서의 시간응답이 어떻게 연속적으로 일어나는지를 오실로스코프를 통해 파형으로 관찰하기 위함이다.

② 콘덴서 양단을 오실로스코프 단자에 연결시키고, 콘덴서에 나타나는 전압 파형 $N_C(t)$를 관측하고 [그림 15.8]에 도시한다.

③ 저항 R값을 [표 15.1]에 따라 변형시키면서 콘덴서 전압 파형을 [그림 15.9]에 도시하고 관찰하고 그린다.

④ [표 15.1]의 시정수 $\tau(=RC)$와 측정된 파형의 관계를 분석해 본다. 즉 시정수에 따른 과도 현상의 차이를 살펴본다.

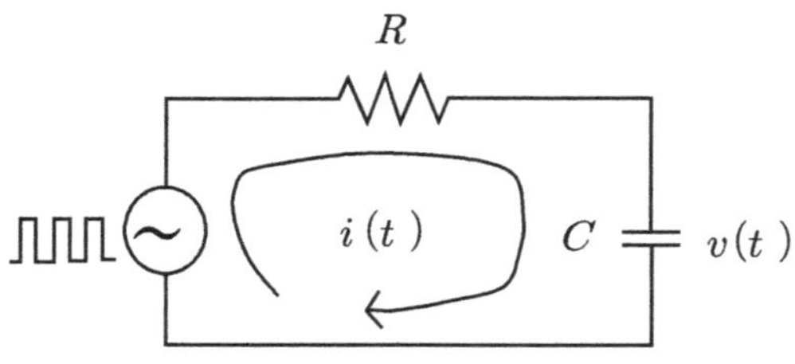

그림 15.5 충전 및 방전 실험용 $R-C$ 직렬회로

2) $R-L$ 직렬회로

본 실험에서는 $R-L$ 직렬회로를 구성하고 시정수 $\tau(=L/R)$ 값의 변화에 따른 파형을 오실로스코프를 통해 측정함으로써 $R-L$ 직렬회로의 과도응답을 이해하고자 한다. 이 실험은 오실로스코프로 관측하기가 어려우므로 컴퓨터시뮬레이션으로 대신하고자 한다. 시뮬레이션절차는 아래와 같다.

① $E=10$ V의 직류 전압원, $R=-50\ \Omega$, $L=10\ mH$, 스위치 S를 개방상태로 하여 [그림 15.6]의 회로를 구성한다.

② 시각 $'t=0'$ 순간 스위치 S를 닫는다는 조건에서 컴퓨터로 시뮬레이션을 수행하고 파형을 도시(plot)하여 관측하고 결과를 [그림 15.10]에 도시한다.

③ $E=10$ V의 직류 전압원, $r=100\ \Omega, R=100\ \Omega, L=10\ mH$, 스위치 S는 개방상태로 하여 [그림 15.7]의 회로를 구성한다.

④ 시각 $'t=0'$ 순간 스위치 S를 닫는다는 조건에서 컴퓨터로 시뮬레이션을 수행하고 파형을 관측하여 결과를 [그림 15.11]에 도시한다.

⌘ 단 지도교수나 조교선생님의 지시에 따라 저항, 콘덴서, 코일의 값을 변형시켜 실험을 수행하여도 무방함.

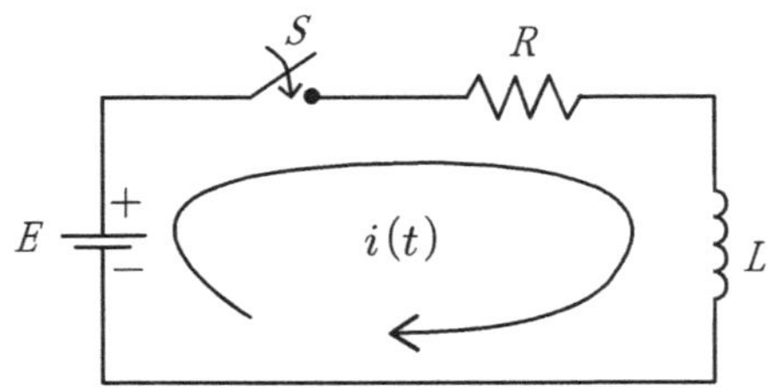

그림 15.6 $R-L$ 회로의 과도응답 실험용 회로1

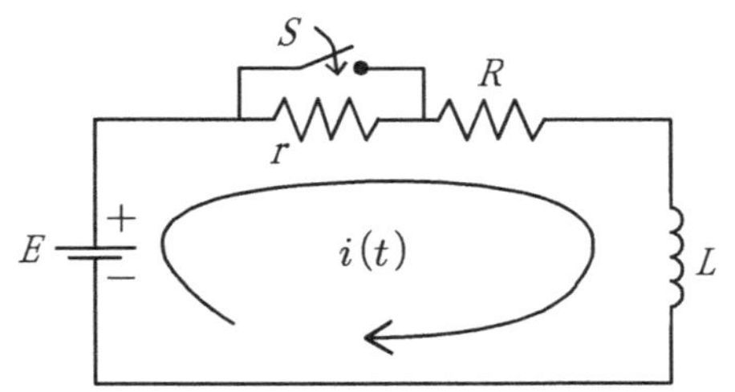

그림 15.7 $R-L$ 회로의 과도응답 실험용 회로2

15.4 실험결과

1) $R-C$ 직렬회로 실험결과

표 15.1 $R-C$ 직렬회로의 과도응답 실험을 위한 저항, 콘덴서 값

R [kΩ]	C [μF]	시정수(이론치) τ
1	0.1	
4.7	0.1	

그림 15.8 $R=1$ kΩ일 때 $R-C$ 직렬회로의 과도응답 실험결과

그림 15.9 $R=4.7$ kΩ일 때 $R-C$ 직렬회로의 과도응답 실험결과

2) $R-L$ 직렬회로

그림 15.10 '$I_0 = 0, R = 50\ \Omega$'일 때 $R-L$ 직렬회로의 과도응답 실험결과

그림 15.11 '$r = 100\ \Omega, R = 100\ \Omega$'일 때 $R-L$ 직렬회로의 과도응답 실험결과

15.5 검토

$R-C$ 직렬회로와 $R-L$ 직렬회로의 과도응답이 각각 [그림 15.2]와 [그림 15.3]의 파형과 같은 모양을 보이는지를 살펴본다. 그리고 시정수에 따른 응답특성이 정상적으로 나타나는지를 관찰한다.

실험 16. *RLC* 직렬 공진회로

목적

✓ RLC 직렬회로의 주파수응답을 학습한다.
✓ RLC 직렬회로에서 직렬공진의 개념을 이해한다.

16.1 관련이론

임의의 물체에 외부에서 주기적인 힘을 가해 주는 경우 그 힘의 주기를 물체가 진동하는 주기에 일치시키면 큰 진동을 일으킬 수 있는데, 이와 같은 현상을 공진(resonance)이라 한다. 이와 비슷하게 전기전자회로에 인가되는 전원의 주파수가 회로 자체의 고유주파수(혹은 자연주파수: natural frequency)와 일치시키면 그 회로에도 큰 전기적 진동이 일어나는데 이를 전기적 공진이라 한다. 전기적 공진현상이 일어나기 위해서는 코일 L과 콘덴서 C의 공존이 필요하다. L과 C의 연결 상태에 따라 직렬공진회로, 병렬공진회로, 직병렬혼합공진회로 등으로 나누어진다. 본 실험에서는 RLC 직렬공진회로에 대해 실험을 수행한다.

1) RLC 직렬회로의 주파수 응답

[그림 16.1]은 저항, 코일, 콘덴서로 구성된 RLC 직렬회로의 예이다. 지금부터 RLC 직렬회로에 인가된 전원의 주파수에 따라 임피던스, 전압, 전류가 어떻게 변화하는지에 대해 살펴보기로 한다.

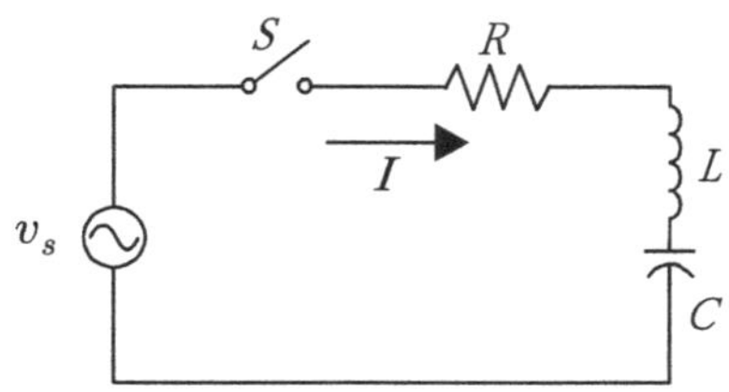

그림 16.1 RLC 직렬회로의 예

[그림 16.1]의 RLC 직렬회로에 대한 전체 임피던스는 식 (16.1)과 같다.

$$\begin{aligned} \boldsymbol{Z} &= R + jX = R + j(X_L + X_C) \\ &= R + j\left(wL - \frac{1}{wC}\right)\ \Omega \end{aligned} \tag{16.1}$$

단, $X = X_L + X_C, X_L = wL, X_C = -1/wC$이다. 이 회로의 임피던스 크기와 임피던스 각은 각각

$$\begin{aligned} |\boldsymbol{Z}| &= \sqrt{R^2 + (X_L + X_C)^2} \\ &= \sqrt{R^2 + \left(\omega L - \frac{1}{\omega C}\right)^2}\ \Omega \end{aligned} \tag{16.2}$$

$$\begin{aligned} \angle\theta &= \tan^{-1}\frac{X_L + X_C}{R} \\ &= \tan^{-1}\frac{\omega L - 1/\omega C}{R}\ \text{radian} \end{aligned} \tag{16.3}$$

이 된다. 식 (16.2)에서 저항성분은 주파수에 관계없이 일정하나, 리액턴스 성분 X는 주파수에 따라 변한다. 리액턴스 성분 중에서 유도성 리액턴스 성분의 크기 $|X_L|$은 주파수가 높아짐에 따라 커지게 되며, 용량성 리액턴스 성분의 크기 $|X_C|$는 주파수가 높아짐에 따라 작아지게 된다. 그러나 두 소자의 합성에 의한 합성 리액턴스의 크기 $|X|$는 주파수에 따라 또 다른 특성을 나타낸다. 주파수에 따른 LC의 직렬 합성리액턴스 성분 X는 [그림 16.2]와 같은 특성을 갖는다. 실선 윗부분의 점선이 유도성 리액턴스 X_L을, 실선 아래 부분의 점선이 용량성 리액턴스 X_C를, 실선이 합성 리액턴스 X를 나타낸다.

RLC 직렬회로에서 각 소자에 걸리는 전압 v_R, v_L, v_C의 페이저 표기를 각각 $\boldsymbol{V}_R, \boldsymbol{V}_L, \boldsymbol{V}_C$라 하면 이들은 다음과 같다. 즉,

$$\boldsymbol{V}_R = \frac{R}{\boldsymbol{Z}}\boldsymbol{V}_s, \boldsymbol{V}_L = \frac{jX_L}{\boldsymbol{Z}}\boldsymbol{V}_s, \boldsymbol{V}_C = \frac{jX_C}{\boldsymbol{Z}}\boldsymbol{V}_s \tag{16.4}$$

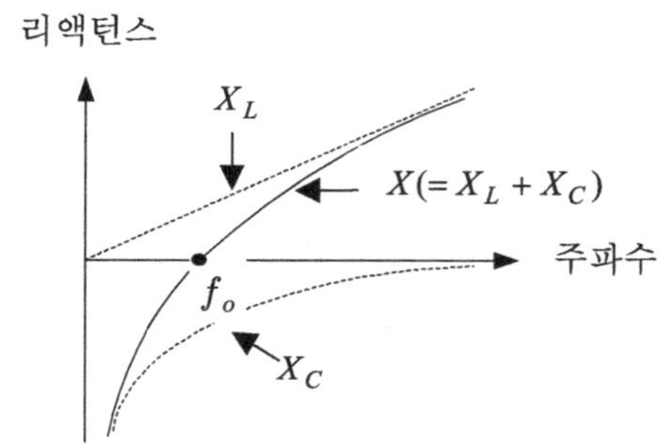

그림 16.2 RLC 직렬연결 회로의 합성 리액턴스

가 된다. 여기서 $\boldsymbol{V}_s$는 전원 v_s의 페이저 표기이며 다음의 관계가 설립한다.

$$|\boldsymbol{V}_s| = \sqrt{|\boldsymbol{V}_R|^2 + |\boldsymbol{V}_L + \boldsymbol{V}_C|^2} \tag{16.5}$$

여기서 $|.|$는 복소수의 진폭을 나타낸다.

RLC 직렬회로를 흐르는 전류 $\boldsymbol{I}_{RLC}$는

$$\boldsymbol{I}_{RLC} = \frac{\boldsymbol{V}_R}{R} = \frac{\boldsymbol{V}_{LC}}{jX} = \frac{\boldsymbol{V}_{RLC}}{\boldsymbol{Z}} = \frac{\boldsymbol{V}_S}{\boldsymbol{Z}} \tag{16.6}$$

와 같다.

2) RLC 직렬회로의 공진

[그림 16.1]의 회로에서 전체 리액턴스 크기는 [그림 16.2]에서 실선이 나타내는 값 $|X|$가 된다. 따라서 인가 전원의 주파수가 어떤 특정 주파수 f_0 보다 낮은 쪽에서 f_0 로 높아짐에 따라 리액턴스의 크기 $|X|$는 점점 작아지면서 f_0 에 이르면 0이 된다. 즉 $f = f_0$ 에서

$$X = 0 \text{ 혹은 } X_L = -X_C \tag{16.7}$$

이 된다. 그리고 인가 전원의 주파수가 f_0보다 더 높아지면 전체 리액턴스 크기 $|X|$는 다시 증가하게 된다. 그러므로 전체 임피던스 크기는 주파수가 f_0에서 최소가 된다. 이와 같이 RLC 직렬회로에서 리액턴스 성분이 0이 되는 주파수 f_0를 RLC 직렬회로의 공진주파수라 한다.

각주파수 w_0와 주파수 f_0는 $w_0 = 2\pi f_o$의 관계가 있으므로, 식 (16.7)으로부터 공진주파수 f_0는 식 (16.8)과 같이 얻을 수 있다.

$$f_0 = \frac{1}{2\pi\sqrt{LC}} \text{ Hz} \tag{16.8}$$

공진이 일어날 때 RLC 직렬회로의 전체 임피던스는 식 (16.1)과 (16.7)로부터

$$\boldsymbol{Z} = R \quad \Omega \tag{16.9}$$

이 된다. 즉 직렬공진이 일어날 때 회로 전체의 임피던스크기는 R로써 최소가 된다.

공진이 일어날 때 직렬회로의 각 소자에 나타나는 전압을 살펴보자. [그림 16.2]에서 공진주파수 f_0에 이르면 L에 인가된 전압 $\boldsymbol{V}_L$의 크기와 C에 인가된 전압 $\boldsymbol{V}_C$의 크기는 인가전압 $\boldsymbol{V}_s$의 크기보다 크게 된다. 그런데 공진주파수에서 $\boldsymbol{V}_L$과 $\boldsymbol{V}_C$의 크기는 같고 위상이 반대이므로 두 성분에 의한 합성 전압은 0이 된다. 따라서 공진주파수에서 전체 리액턴스에 인가되는 전압은 0볼트(V)가 되므로 전체 임피던스에 인가되는 전압은 모두 저항성분에 나타난다. 즉 공진시에 저항 R에 인가되는 전압은 식 (16.10)과 같이 인가전원의 전압과 같다.

$$\boldsymbol{V}_s = \boldsymbol{V}_R \tag{16.10}$$

따라서 공진주파수에서 RLC 직렬회로에 흐르는 전류의 크기는 최대이며 이를 I_o라 하면

$$I_o = |\boldsymbol{V}_s| / R \tag{16.11}$$

과 같이 된다. 공진주파수 부근에서 RLC 직렬회로에 흐르는 전류의 세기 I를 도시하면 [그림 16.3]과 같은 특성을 갖는다.

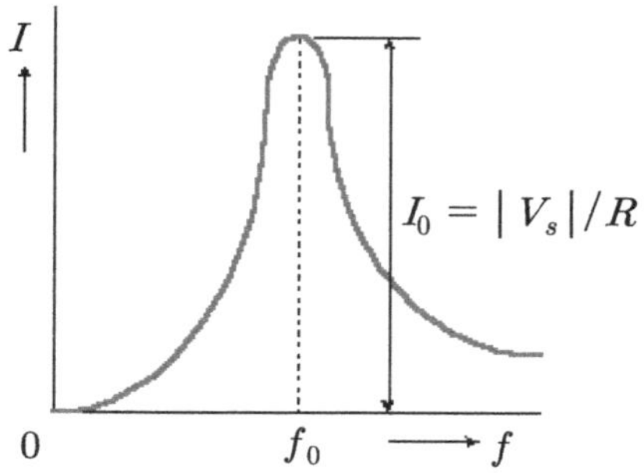

그림 16.2 RLC 직렬회로의 주파수 응답곡선

16.2 실험준비

1) 실험기기 및 부품

- 저항: 3 kΩ 1개
- 코일: 20 mH 1개
- 콘덴서: 0.01 μF 1개
- 납땜인두: 1개
- 납: 적당량
- PCB보드: 1개
- 멀티미터: 1대
- 함수발생기: 1대
- 오실로스코프: 1대

2) 기타 실험준비

- [표 16.1]에서 저항에 나타나는 이론적인 전압을 식 (16.12)를 사용하여 계산한 후 기록한다.

16.3 실험방법

① R, L, C를 각각 3 ㏀, 20 mH, 0.01 μF로 하여 [그림 16.1]의 회로를 구성한다. 이 때 V_s의 진폭을 10 V로 하고 주파수를 12 kHz로 한다.

② 저항 R에 나타나는 전압 $|V_R|$을 측정한 후 [표 16.1]에 기록한다.

③ 함수발생기에서 V_s의 진폭을 일정하게 유지하고 주파수 값을 12 kHz 상하로 변화시키면서 ②의 과정을 반복한다.

④ 이론값과 측정값 각각에 대해 RLC 직렬회로를 흐르는 전류 $|I| = \frac{|V_R|}{R}$을 계산하여 [표 16.1]에 기록한다. 단, 전압 $|V_R|$의 이론값은

$$|V_R| = \frac{R}{\sqrt{R^2 + (\omega L - 1/\omega C)^2}} |V_s| \tag{16.12}$$

이다.

⑤ 이론값과 측정값 각각에 대해 주파수에 따른 $|I|$의 값을 그래프로 그려보고 공진을 일으키는 주파수 f_o 혹은 f_o의 인접주파수를 찾아본다. $|I|$가 최대가 되는 부분의 주파수가 공진이 일어나는 지점이다.

⌘ 이론적으로 구해진 f_o를 함수발생기로 쉽게 세팅할 수 있는 경우, 이 주파수 전후의 신호를 발생시켜 실험을 수행하기 바람.

⌘ 위의 실험에서 전압, 주파수, 저항, 코일, 콘덴서의 크기 혹은 용량은 지도교수나, 조교 선생님의 지시 하에 적절한 다른 값으로 대체하여도 무방함.

16.4 실험결과

표 16.1 RLC 직렬공진회로의 실험결과

주파수 (kHz)	$\lvert V_R \rvert$		$\lvert I \rvert = \lvert I_R \rvert = \frac{\lvert V_R \rvert}{R}$		공진에 가장 근접한 주파수에 'O' 표기	
	이론치	측정치	이론치	측정치	이론치	측정치
.						
.						
.						
.						
.						
.						
9						
10						
11						
12						
13						
14						
.						
.						
.						
.						
.						

16.5 검토

이론적으로 계산된 전류값과 측정에 의한 전류값의 각각을 관찰하여 공진주파수 혹은 이에 가장 가까운 주파수를 찾아 비교해 본다. 공진주파수가 이론값 측정값 사이에 오차가 있으면 원인분석을 한다.

실험 17. *RLC* 병렬 공진회로

목적

- ✓ *RLC* 병렬회로의 주파수응답을 학습한다.
- ✓ *RLC*(혹은 *RCL*) 병렬회로에서 병렬공진의 개념을 이해한다.

17.1 관련이론

본 실험에서는 *RLC*(혹은 *RCL*) 병렬 회로의 주파수응답과 공진현상을 실험하기로 한다.

1) *RLC* 병렬 회로의 주파수 응답

[그림 17.1]은 저항(R), 콘덴서(C), 코일(L)이 병렬로 연결된 회로의 예이다. [그림 17.1] 회로의 전체 어드미턴스 $\boldsymbol{Y}$를 식 (17.1)과 같이 컨덕턴스 G와 서셉턴스 B의 합으로 표기하면 편리하다.

$$\begin{aligned} Y &= G + jB \\ &= G + j(B_C + B_L) \\ &= G + j\left(wC - \frac{1}{wL}\right) \ \ \mho(\text{mho}) \end{aligned} \tag{17.1}$$

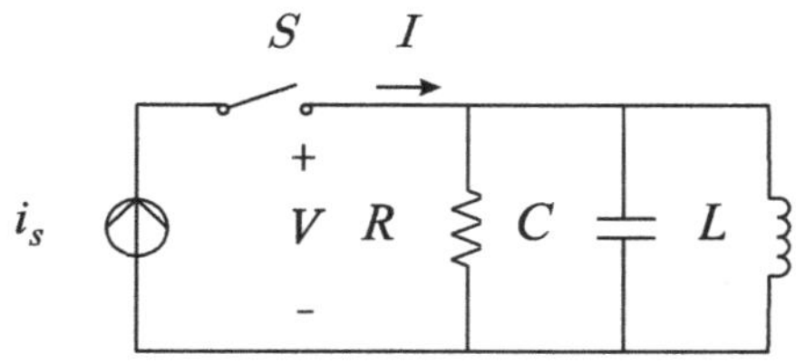

그림 17.1 *RLC* 병렬회로의 예

단 $G = 1/R$, $B = B_C + B_L$, $B_C = wC$, $B_L = -1/wL$이다. 즉 B는 용량성 서셉턴스 B_C와 유도성 서셉턴스 B_L의 합이다. 따라서 전체 어드미턴스 크기와 각은 각각 다음과 같다.

$$|Y| = \sqrt{G^2 + (B_C + B_L)^2} \quad \mho \tag{17.2}$$

$$\angle\theta = \tan^{-1}\frac{B_C + B_L}{G} \quad \text{radian} \tag{17.3}$$

회로 전체의 임피던스는 어드미턴스의 역수이므로, $Z = 1/Y$이다. 식 (17.1)과 (17.2)에서 컨덕턴스 성분 G는 주파수에 관계없이 일정하나, 서셉턴스 성분은 주파수에 따라 변한다. 유도성 서셉턴스의 크기 $|B_L|$은 주파수가 높아짐에 따라 작아지게 되며, 용량성 서셉턴스의 크기 $|B_C|$는 주파수가 높아짐에 따라 커지게 된다. 그런데 두 소자 L, C의 병렬합성에 의한 서셉턴스 크기 $|B_T|$는 주파수에 따라 다른 특성을 보인다. 따라서 주파수의 변화에 의해 RLC 병렬회로의 서셉턴스가 변화하므로, 회로 전체 어드미턴스는 변하게 된다. RLC 병렬회로에서 주파수에 따라 용량성 서셉턴스 B_c와 유도성 서셉턴스 B_L은 다르며, C와 L을 흐르는 전류 또한 다르다. R, C, L 각 소자를 흐르는 전류를 페이저로 표기하면 각각

$$I_R = GV,\ I_C = jB_C V,\ I_L = jB_L V \tag{17.4}$$

가 된다. 따라서 전체 전류II의 크기와 R, C, L을 흐르는 전류 I_R, I_C, I_L 사이의 관계는

$$|II| = \sqrt{|I_R|^2 + |I_C + I_L|^2} \tag{17.5}$$

과 같다.

RLC 병렬 회로의 양단에 나타나는 전압V는

$$V = \frac{II}{Y} = \frac{I_R}{G} = \frac{I_C}{jB_C} = \frac{I_L}{jB_L} \tag{17.6}$$

이 된다.

2) *RLC* 병렬 회로의 공진

RLC 병렬회로에서 합성 서셉턴스의 크기 $|B|$는 인가 전류 I_s의 주파수가 0 Hz에서 점점 높아져 어떤 특정 주파수 f_0에 이르면 0이 된다. 즉 $f = f_0$에서

$$B = B_C + B_L = 0 \quad \text{혹은} \quad B_C = -B_L \tag{17.7}$$

이 된다. 이와 같이 *RLC* 병렬회로에서 전체 서셉턴스 성분 B가 0이 되는 주파수 f_0를 *RLC* 병렬회로의 공진주파수라 한다. $w_0 = 2\pi f_0$이므로, 식 (17.7)로부터 공진주파수 f_0는

$$f_0 = \frac{1}{2\pi\sqrt{LC}} \ \text{Hz} \tag{17.8}$$

가 된다. 공진이 일어날 때 *RLC* 병렬회로의 전체 어드미턴스는

$$Y = G = 1/R \quad ℧ \tag{17.9}$$

가 되어 최소의 크기를 갖는다. 즉 *RLC* 병렬회로에서 인가 전류의 주파수가 공진주파수와 같을 때 전체 어드미턴스는 최소가 된다.

인가 전류 I_s의 주파수가 공진주파수보다 클 때는 $|B_C| > |B_L|$가 되어 콘덴서를 흐르는 전류는 코일을 흐르는 전류보다 더 커지게 된다. 반면에 인가 전류의 주파수가 공진주파수보다 작을 때는 $|B_C| < |B_L|$가 되어 콘덴서를 흐르는 전류는 코일을 흐르는 전류보다 작아지게 된다. 이와 같이 인가 전류의 주파수가 증가하여 공진주파수 f_0에 이르면 L로 흐르는 전류 I_L과 C로 흐르는 전류 I_C는 크기가 같아지고 위상이 반대가 되어 서로 상쇄된다. 그러므로 공진주파수 f_o에서 *RLC* 병렬회로의 저항 $R(=1/G)$을 흐르는 전류 I_R은

$$I_R = I_S \tag{17.10}$$

가 되어 최대의 크기를 갖는다.

RLC 병렬회로에 공진이 일어날 때, 병렬회로 양단에 나타나는 전압 V_{RLC} 의 최대치 $|V_{RLC}|_{max}$는

$$|V_{RLC}|_{max} = \frac{|I_s|}{G} \tag{17.11}$$

이 된다. 즉 RLC 병렬회로에서 공진이 일어날 때 RLC 양단의 전압크기가 최대가 된다.

17.2 실험준비

1) 실험기기 및 부품

- PC: 대
- 프로그램 언어: Matlab 혹은 C언어

2) 기타 실험준비

- 식 (17.5)를 이용하여 [표 17.1]의 이론값을 구하여 기록한다.

17.3 실험방법

병렬공진회로의 실험에는 교류 전류원이 필요하나 이러한 실험기기는 현실적으로 사용하기 어렵다. 따라서 저항, 콘덴서, 코일을 직접 사용하여 회로를 실험하는 대신 컴퓨터 시뮬레이션을 통해 확인하고자 한다.

① R, L, C를 각각 500 Ω, 1 kΩ, 10 mH, 0.01 μF로 가정하고, 전류원 i_s를 10mA로 가정하여 [그림 17.2]의 (a)회로를 구성한다. 이 때 공진주파수 f_o는 식 (17.8), 즉 다음과 같다.

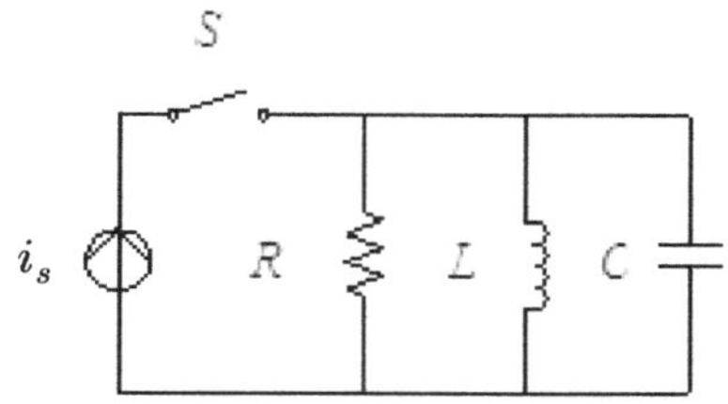

그림 17.2 RCL 병렬회로의 공진실험용 회로

$$f_o = \frac{1}{2\pi\sqrt{LC}}$$

② 공진주파수 f_o는 약 5 kHz 부근으로 예상되는데 이 주파수 전후를 중심으로 RLC 병렬회로의 주파수 응답과 공진현상을 시뮬레이션을 통해 관찰한다. 시뮬레이션을 통해 나타나는 주파수에 따른 RLC 병렬회로의 전압크기를 [표17.1]에 기록한다.

③ 시뮬레이션을 통해 나타나는 RLC 병렬회로의 주파수 응답, 즉 주파수 변화에 대한 RLC 병렬회로 양단에서 관측되는 전압을 이론적으로 얻어진 주파수 응답과 비교한다. 단 이론적인 RLC 병렬회로 양단의 전압의 크기는 식 (17.12)와 같다.

$$|V_{RLC}| = \left|\frac{I_s}{Y}\right| = \frac{|I_s|}{\sqrt{(\frac{1}{R})^2 + (wc - \frac{1}{WL})^2}} \tag{17.12}$$

④ 공진이 일어나는 지점을 확인하여 '공진여부'란에 'O'표 한다.

17.4 실험결과

그림 17.1 RCL 직렬공진회로의 실험결과

주파수 (kHz)	$\lvert V_{RLC} \rvert$		공진여부	
	이론치	시뮬레이션에 의한 값	이론치	시뮬레이션에 의한 값
.				
.				
2				
3				
4				
5				
6				
7				
8				
.				
.				
.				
.				

17.5 검토

이론적으로 계산된 값과 측정에 의한 값의 각각에 대해 공진 주파수가 일어나는 지점을 비교해 본다. 공진주파수에 많은 오차가 있으면 원인을 분석하고 오차를 제거할 수 있는 방안을 검토한다.

실험 18. 변압기의 전기적 특성

목적

- ✓ 변압기의 승압, 감압 원리를 이해한다.
- ✓ 변압기에 의한 임피던스 정합을 이해한다.

18.1 관련이론

두 코일이 서로 가까이 위치하면, 한 코일에 흐르는 전류에 의해 일어나는 전자기장의 변화에 의해 다른 한 코일에 유도전압이 발생된다. 이러한 현상은 두 코일 사이에 상호유도작용이라는 전자기적 성질에 의해 일어난다. 변압기는 이러한 코일의 전자기적 특성을 이용하는 전기전자 소자이다.

변압기는 교류 전압의 승압, 감압, 전원과 부하 사이의 임피던스정합, 전기 절연(isolation) 등을 목적으로 사용되어진다. 본 실험에서는 변압기의 승압, 감압의 원리, 그리고 임피던스 정합을 이해하기 위한 실험으로 그 범위를 제한한다.

1) 변압기에 의한 승압 및 감압

1-1) 상호인덕턴스

두 코일이 가까이 있을 때 일어나는 상호유도현상을 [그림 18.1]을 참고로 살펴보자. 우선 [그림 18.1]에서 전원 쪽에 있는 코일의 인덕턴스(자기인덕턴스)를 L_1, 다른 한 쪽에 있는 코일의 인덕턴스를 L_2라 하자. 두 코일은 서로 전기적으로 연결이 없는 경우 이들은 전기적으로 고립(isolation)이 되어 있다고 한다. L_1측 코일에 정현파 전류를 흘리면 L_2측 코일에도 정현파의 전압이 유도된다. L_1측 코일(1차코일)에 의해 유도된 L_2측 코일의 유도전압 크기는 두 코일 사이의 상호인덕턴스(M)에 비례한다.

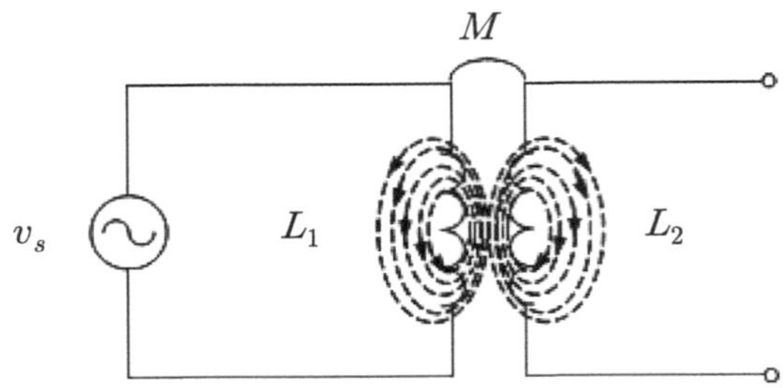

그림 18.1 두 코일의 상호유도작용

[그림 18.1]과 같이 변압기에서 전원이 인가되는 측의 코일을 1차 코일, 부하가 연결되는 측의 코일을 2차 코일이라 한다. 1차 코일에 의해 발생되는 자속선 중 2차 코일과 결합하는 자속선을 ϕ_{12}라 하자. 이 ϕ_{12}와 1차 코일에 의해 발생되는 총 자속선(ϕ_1)과의 비를 상호결합계수 k라 한다. 즉 두 코일 사이의 상호결합계수 k는

$$k = \frac{\phi_{12}}{\phi_1} \tag{18.1}$$

로 정의된다. 결합계수 k는 두 코일의 물리적인 접근 정도와 이 코일들에 의해 둘러싸여 있는 코어라 불리는 물질의 형태에 따라 달라진다.

상호인덕턴스 M은 두 코일의 인덕턴스 L_1과 L_2 그리고 두 코일 사이의 결합계수 k에 의해 결정된다. 즉 [그림 18.1]에서 두 코일의 인덕턴스 L_1과 L_2, 상호인덕턴스M, 결합계수 k 사이의 관계는 식 (18.2)와 같다.

$$M = k\sqrt{L_1 L_2} \tag{18.2}$$

즉, 상호인덕턴스 M은 자기인덕턴스 L_1, L_2 및 k에 의존한다.

1-2) 변압기에 의한 승압 및 감압 원리

변압기 구조에 대한 전기회로 심벌(기호)의 한 가지가 [그림 18.2]의 (a)에 보이며, (b)는 전원과 부하 사이에 변압기의 연결 상태를 나타내는 회로표기이다. 변압기에서 전원과 연결된

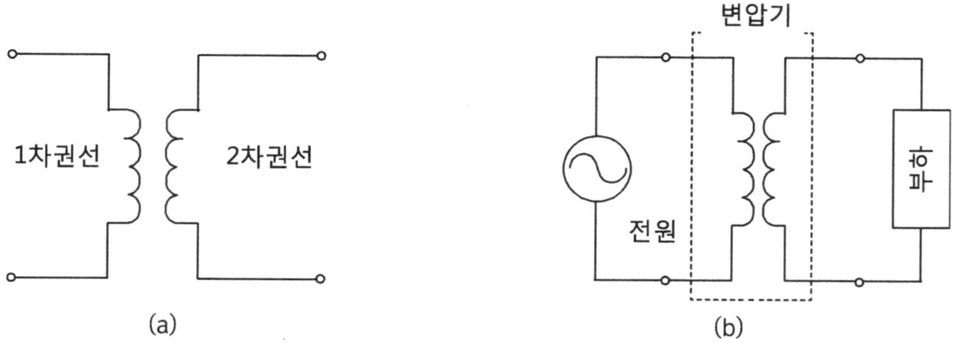

그림 18.2 변압기의 기본 구조:
(a) 변압기의 전기적 심벌, (b) 변압기에 연결된 전원과 부하

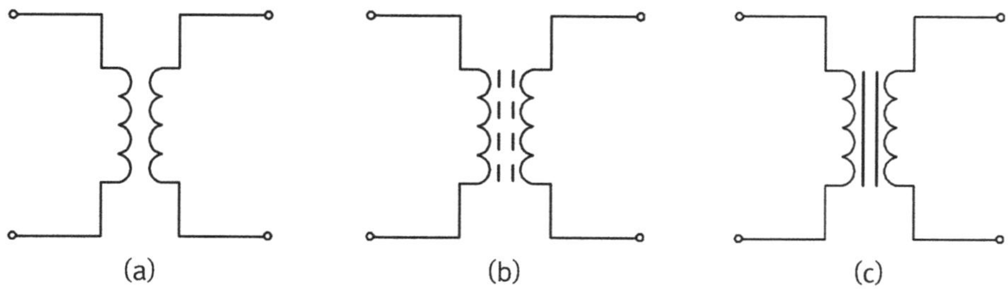

그림 18.3 코어의 종류에 따른 변압기의 전기적 심벌:
(a) 공기 코어를 갖는 변압기,
(b) 페라이트 코어를 갖는 변압기, (c) 철 코어를 갖는 변압기

코일의 권선(winding)을 1차 권선이라 하고, 부하와 연결된 코일의 권선을 2차 권선이라 한다. 그리고 변압기의 권선은 코어(core)라는 물질을 감싸고 있다.

[그림 18.3]은 코어의 종류에 따른 변압기의 전기적 심벌을 나타낸다. (a)와 (b) 및 (c)는 각각 코어가 공기, 페라이트, 철을 갖는 변압기의 전기적 심벌을 나타낸다. 공기 코어와 페라이트 코어는 주로 고주파 용 응용회로에 사용되며, 철 코어는 주로 오디오 주파수 대역의 응용회로와 전력 응용회로에 주로 사용되어진다.

변압기에서 중요한 하나의 파라메타가 권선비(turn ratio)인데, 이는 2차 코일 권선수와 1차 코일 권선수의 비로 정의된다. 즉, 변압기의 권선비 n은

$$n = \frac{N_2}{N_1} \tag{18.3}$$

그림 18.4 1차 코일과 2차 코일의 권선 방향:
(a) 자기적 방향에 대해 동상(in phase) 효과를 주는 권선 방향을 갖는 변압기,
(b) 자기적 방향에 대해 180° 이상(out of phase) 효과를 주는 권선 방향을 갖는 변압기

으로 정의되며, 여기서 N_1과 N_2는 각각 1차 코일과 2차 코일의 권선수를 나타낸다.

변압기에서 또 하나의 중요한 파라메타는 코일의 권선 방향이다. 즉 권선 방향은 코일이 어느 방향으로 감겨져 있는지를 나타내는 것으로, [그림 18.4]에 보인다.

[그림 18.4] (a)는 1차 코일이 감겨져 있는 방향과 2차 코일이 감겨져 있는 방향이 자기적 결합에 의해 서로 동상인 권선 형태를 갖는 변압기의 구조를 보여주며, (b)는 1차 코일이 감겨져 있는 방향과 2차 코일이 감겨져 있는 방향이 자기적 결합에 의해 서로 180° 위상차인 권선 형태를 갖는 변압기의 구조를 보여준다. 이 그림에서 도트(・)는 신호의 극성을 나타내기 위해 사용되는 기호이다. 1차 코일에서 신호가 도트 지점에서 양의 값을 가질 때 2차 코일의 도트 지점에서 양의 값을 가지게 된다는 것을 의미한다. 그러므로 1차 코일의 신호가 도트 지점에서 음의 값을 가질 때 2차 코일의 도트 지점에서 음의 값을 가지게 된다.

변압기에서 1차 코일의 전압 v_1과 2차 코일의 전압 v_2 사이의 비는 1차 코일의 권선수 N_1과 2차 코일의 권선수 N_2의 비와 같다. 즉

$$\frac{v_2}{v_1} = \frac{N_2}{N_1} \tag{18.4}$$

의 관계를 갖는다. 위의 식을 v_2에 대해 다시 표현하면 다음과 같다.

$$v_2 = \left(\frac{N_2}{N_1}\right) v_1 = n v_1 \tag{18.5}$$

여기서 $n = N_2/N_1$을 나타낸다. 다시 말하면, 2차 코일에 유도되는 전압의 크기는 두 코일 사이의 권선비에 의존한다. 2차 코일의 권선수가 1차 코일의 권선수보다 많은 변압기를 승압변압기(step-up transformer)라 하고, 2차 코일의 권선수가 1차 코일의 권선수보다 적은 변압기를 감압변압기(step-down transformer)라 한다.

2) 변압기에 의한 임피던스 정합

변압기의 응용 중 하나가 소스전원으로부터 부하로 최대의 전력을 전달하기 위해 부하저항을 소스저항과 정합을 시키는 회로 구성에 있다. 이러한 회로 구성을 임피던스정합이라 한다. 오디오시스템에서는 증폭기로부터 스피커로 최대의 전력을 전송하기 위해 정합 용 변압기를 사용한다. [그림 18.5]를 참고로 변압기를 사용하는 임피던스 정합원리에 대해 살펴보자.

[그림 18.5]에서 변압기의 1차측에 연결된 전원 v_s의 내부저항을 R_s라 하고, 변압기 1차측의 코일의 권선수 N_1에 걸리는 전압을 v_1, 이를 흐르는 전류를 i_1이라 하자. 그리고 변압기의 2차측의 권선 N_2에 유도되는 전압을 v_2, 2차 측에 연결된 부하저항을 R_L이라 하자.

식 (18.5)에서 1차측과 2차측의 전압의 비는 권선비(N_1/N_2)와 같다. 변압기에서 에너지와 전력은 보존된다(에너지보존법칙). 우선 변압기는 이상적인 변압기라 가정하자. 전력 $P = iv$ 관계가 성립하므로, 변압기가 승압기로 사용되면 1차측 전류는 2차측보다 작고, 감압기로 사용되면 1차측 전류는 2차측보다 크다. 따라서 변압기에 대응되는 전류비는 다음과 같다.

$$\frac{i_L}{i_1} = \frac{N_1}{N_2} = \frac{1}{n} \tag{18.6}$$

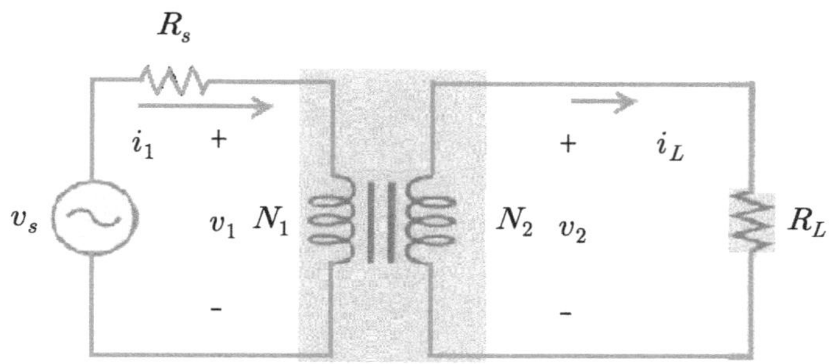

그림 18.5 변압기 회로에서 1차측과 2차측의 전압과 전류

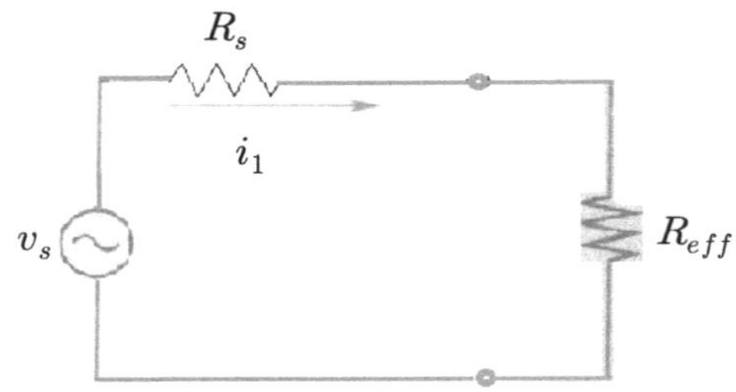

그림 18.6 변압기 회로에서 1차측으로 투영된 부하의 유효저항

식 (18.6)을 (18.4)와 비교하면 1차측과 2차측의 전압비는 권선비와 같으나, 전류비는 권선비의 역수와 같음을 알 수 있다.

[그림 18.5]에서 소스 전원 v_s가 변압기를 통해서 부하저항으로 최대의 전력을 공급하는 조건을 살펴보자. 이 조건을 알기 위해서는 [그림 18.6]과 같은 변압기의 등가회로를 먼저 구해야 한다. 즉 등가회로에서 1차 측에 투영되는 부하의 유효저항 R_{eff}를 먼저 구해야 한다.

우선 [그림 18.5]에서 1차측에 키르히호프 전압법칙을 적용하면 다음과 같다.

$$v_s = i_1 R_s + v_1 \tag{18.7}$$

그리고 식 (18.4)로부터 전압 v_1의 관계식을 다음과 같이 표현할 수 있다.

$$v_1 = \frac{N_1}{N_2} v_2 \tag{18.8}$$

한편 [그림 18.5]에서 변압기의 오른쪽 회로로부터 $v_2 = I_L R_L$의 관계식을 얻을 수 있는데 이를 식 (18.8)에 대입하여 다음의 관계식을 얻을 수 있다.

$$v_1 = \frac{N_1}{N_2} i_L R_L \tag{18.9}$$

식 (18.6)을 식 (18.9)에 대입하면 다음의 관계식을 얻을 수 있다. 즉

$$v_1 = (\frac{N_1}{N_2})^2 i_1 R_L \tag{18.10}$$

의 관계식을 얻을 수 있다.

식 (18.10)을 (18.7)에 대입하면 다음의 결과를 얻을 수 있다.

$$\begin{aligned} v_s &= i_1 [R_s + (\frac{N_1}{N_2})^2 R_L] \\ &= i_1 (R_s + R_{eff}) \end{aligned} \tag{18.11}$$

여기서 $R_{eff} = (\frac{N_1}{N_2})^2 R_L$이며, 이는 2차측의 부하저항이 1차측으로 투영된 유효저항이다. 즉 소스 전원 측에서는 변압기로 인해 R_{eff}만큼의 저항이 시리즈 형태로 연결된 것처럼 인식한다는 것이다.

우리는 '실험14'에서 부하에 최대 전력전달은 소스저항과 부하저항이 같을 때 일어난다는 것을 알았다. 따라서 변압기를 통해 부하에 최대의 전력이 전달되기 위해서는 식 (18.11)에서 다음의 조건이 만족해야 한다.

$$\begin{aligned} R_s &= R_{eff} \\ &= (\frac{N_1}{N_2})^2 R_L \end{aligned} \tag{18.12}$$

식 (18.12)의 조건을 만족할 때 우리는 변압기의 1차측과 2차측 사이에 임피던스정합이 이루어졌다고 말한다. 변압기가 1차측과 2차측에서 임피던스정합이 이루어지는 경우 소스전원으로부터 부하측으로 전달되는 전력은 최대가 되며, 이는 '실험14' 부분의 식 (14.15)로부터 다음과 같이 얻어진다.

$$P_L|_{\max} = \frac{|V_s|^2}{4R_s} \tag{18.13}$$

실제 상황의 예를 보면 부하는 스피커, 해드폰, 백열전구 등이 있는데, 이들의 저항은 일반적으로 정해져 있다. 이러한 부하에 최대의 전력을 전달하려면 변압기의 권선비를 조정하여 식

(18.12)의 조건을 만족시켜야 한다. 이와 같이 변압기의 권선수를 조정하여 부하에 최대전력을 공급할 때 우리는 변압기가 임피던스정합용으로 사용된다고 한다.

18.2 실험준비

1) 실험기기 및 부품

- 가변저항: 10 ㏀ 1개
- 멀티미터: 1대
- 오실로스코프: 1대
- 변압기(1:2) : 2대
- 신호발생기: 1대

2) 기타 실험준비

- 없음

18.3 실험방법

1) 승압/감압 변압기

① 함수발생기에서 주파수 10 kHz인 $v_s = 5$ V 전원, $R_L = \infty$, 변압기(1:2)를 사용하여 [그림 18.7]의 회로를 구성한다.

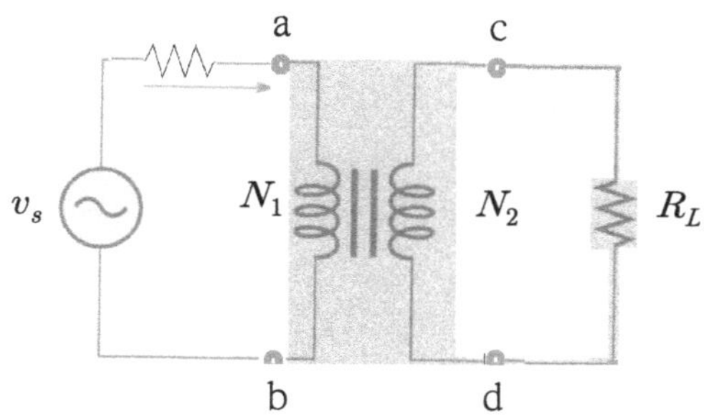

그림 18.7 변압기의 1차측과 2차측의 권선비 측정용 실험회로

② 단자 'a-b'에 오실로스코프의 CH1 채널을 이용하여 단자 'a-b'의 전압을 관찰한 후 [그림 18.9]에 파형을 그린다. 멀티미터로 측정하는 경우 전압은 실효치이며, 최대치는 측정 신호의 $\sqrt{2}$ 배를 하여야 한다.

③ 오실로스코프의 CH2 채널을 부하 측의 단자 'c-d'와 연결한다.

④ 오실로스코프의 CH2 채널에 나타난 부하 측(단자 c-d)의 전압을 [그림 18.10]에 파형으로 그린다.

⑤ 측정된 입력측과 출력측 전압을 이용하여 1차 측과 2차 측의 권선비를 계산하여 [표 18.1]에 기입한다.

⑥ 이미 알고 있는 변압기의 권선비와 측정된 전압비에 의한 권선비 값이 일치하는지를 확인한다.

⌘ 위의 실험에서 전압, 주파수, 코일의 크기 혹은 용량은 지도교수나, 조교 선생님의 지시하에 적절한 다른 값으로 대체하여도 무방함.

2) 임피던스 정합 용 변압기

일반적으로 변압기가 임피던스정합용으로 사용될 때는 부하저항이 고정되고 변압기의 권선수를 조절한다. 즉 전원측과 부하측을 변압기의 권선수를 조절하여 임피던스를 정합시킨다. 그러나 본 실험에서는 편의상 변압기의 권선수를 고정시키고 부하저항 크기를 조절하여 양측의 임피던스 정합을 실험하고자 한다. 실험절차는 다음과 같다.

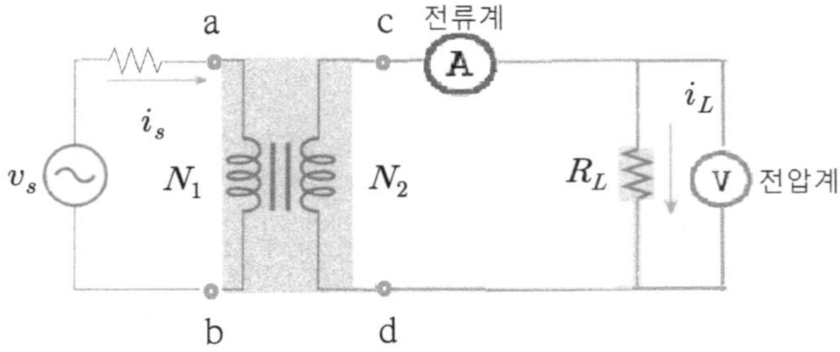

그림 18.8 변압기를 이용한 임피던스 정합용 실험회로

① 함수발생기에서 교류전원을 v_s=1 V, 변압기(1:2), 10 $k\Omega$의 가변저항으로 [그림 18.8]의 회로를 구성한다. 소스의 내부 저항 R_s는 50 Ω 혹은 75 Ω이 되는 전원을 택한다.

② 전류계와 전압계에 나타난 전압과 전류를 [표 18.2]에 기록한다.

③ [표 18.2]에 기록된 부하저항 값을 변형시키면서 ①과 ②의 과정을 반복한다.

④ 측정된 부하저항에 나타나는 전압과 이를 통하는 전류의 곱으로 전력을 계산하여 [표 18.2]에 기록한다.

⑤ 최대의 전력이 측정되는 부하저항에 해당하는 [표 18.2]의 '최대전력 체크' 부분에 표기한다.

⑥ 이론적으로 임피던스정합이 이루어지는 저항 R_L을 식 (18.12)로부터 구하여 [표 18.2]의 '임피던스 정합시 R_L' 부분에 기록한다. 즉 $R_s = (N_1/N_2)^2 R_L$로부터 다음의 관계식을 이용하면 된다.

$$R_L = (\frac{N_2}{N_1})^2 R_s = 4R_s$$

⑦ 이론적으로 구한 최대전력시 부하 저항값과 실험에서 얻은 부하 저항값이 일치하는지를 비교한다.

⌘ 조교선생님 혹은 지도교수의 지시 하에 변압기의 권선비와 부하저항 값을 변경하여 실험할 수도 있음.

18.4 실험결과

그림 18.9 변압기의 1차측 코일에서 측정된 전압 파형

그림 18.10 변압기의 2차측 코일에서 측정된 전압 파형

표 18.1 1차 코일과 2차 코일에서 측정된 전압 및 권선비

측정 전압(V)		권선비	
1차측	2차측	알려진 값	측정전압에 의한 계산값
		1:2	

표 18.2 변압기를 사용한 임피던스 정합실험 결과

부하저항 $R_L(\Omega)$	측정 전압 v_L	측정 전류 i_L	전력 $P = i_L v_L$ (계산값)	임피던스정합 체크	임피던스 정합시 R_L (이론값)
100					
200					
300					
400					
500					

18.5 검토

변압기의 입력과 출력 파형이 예상 파형과 일치하는지를 검토한다. 그리고 1차측과 2차측 코일에서 측정한 전압을 바탕으로 계산된 권선비를 토대로 변압기의 승압과 감압 원리를 토의한다. 그리고 임피던스 정합 실험이 정상적으로 이루어졌는지 검토한다.

실험 19. 평형 3상 회로

목적

- ✓ 평형 3상 회로에서 선전압과 상전압 사이의 관계를 학습한다.
- ✓ 평형 3상 회로에서 전원과 부하의 결선방식을 학습한다.

19.1 관련이론

동일한 주파수를 가지면서 위상을 달리하는 다수의 기전력이 동시에 존재하는 교류전력 시스템을 다상시스템(polyphase system)이라 한다. 이러한 다상전원이 포함된 회로를 다상 회로라 한다. 다상시스템 중에 실제로 많이 사용되는 것은 3상 시스템(three phase system)이다. 3상 시스템은 현재 모터, 공장 등 여러 곳에서 사용되고 있다.

3상 전원이 포함된 회로를 3상회로라 부르는데, 본 실험에서는 3상회로 중 평형3상회로 실험에 국한하기로 한다.

1) 3상 시스템에서 전압

[그림 19.1]은 3상 발전기의 구조도와 이 발전기의 3상 전압사이의 위상 관계를 보여준다.

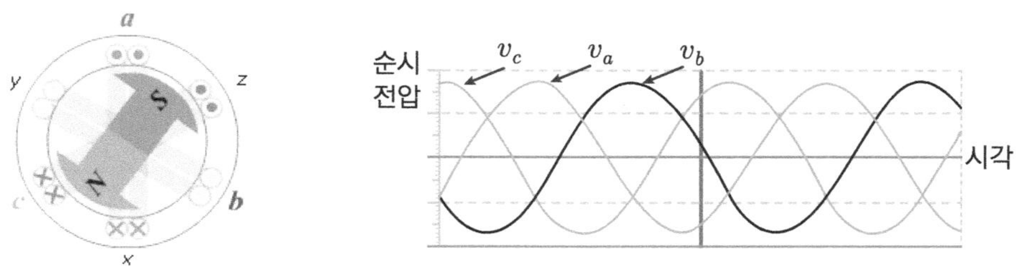

(a) (b)

그림 19.1 3상 발전기: (a) 3상 발전기의 구조, (b) 3상 발전기 전압의 위상 관계

발전기의 구조에서는 동일한 구조를 갖는 3개의 코일 권선이 공간적으로 120°의 각으로 전기자에 감겨져 있다. 이러한 구조에서 균일한 자계가 코일 권선을 포함하는 공간에 가해지고 3개의 코일 권선이 한 쪽 방향으로 일정한 속도로 회전하여 전력을 발생시킨다. 이것이 3상 발전기의 전기발생 원리이다.

각 권선의 단자 간에 유도되는 전압을 살펴보면, 단자 x-a 간의 유도전압 v_a, 단자 y-b 간의 유도전압 v_b, 단자 z-c 간의 유도전압 v_c는 진폭과 주파수가 동일한 정현파이다. 권선이 반시계 방향으로 회전하면 세 전압의 위상은 v_b가 v_a보다 120° 늦고, v_c가 v_a보다 120° 빠르다. 즉 세 전압은 v_a, v_b, v_c, v_a, v_b, v_c, ... 의 순서로 순시 값이 최대치에 도달한다. 이러한 상의 순서를 상순(phase sequence) abc라 한다. 즉 세 전압을 페이저로 나타내면 다음과 같다.

$$\boldsymbol{V}_a = V\angle 0^o,\ \boldsymbol{V}_b = V\angle -120^o,\ \boldsymbol{V}_c = V\angle 120^o \tag{19.1}$$

전압 $\boldsymbol{V}_a, \boldsymbol{V}_b, \boldsymbol{V}_c$를 각각 상 a(phase a), 상 b(phase b), 상 c(phase c)라 한다. 각 권선 양단에 유기되는 전압은 단자 외부에서 볼 때는 하나의 단상(single phase) 전원으로 취급될 수 있지만 세 전원을 통괄하여 3상전원이라 한다. 3상전원의 등가 회로도가 [그림 19.2]와 같다. 여기서 $\boldsymbol{Z}_a, \boldsymbol{Z}_b, \boldsymbol{Z}_c$는 각 전원의 내부 임피던스를 나타낸다. [그림 19.2]는 3상전원의 회로적 표기를 나타낸 것이다. 이상적인 3상 전원의 등가회로는 [그림 19.2]와 같으며 이때 내부 임피던스는 0이다.

3상 시스템에서 발생되는 전압을 이용할 때에는 각 단자쌍 a-x, b-y, c-z에서 하나씩 단자를 연결하여 독립된 3개의 단상전압으로 사용하는 것도 생각할 수 있으나 실제에서는 그렇게 하지 않는다. 가장 많이 사용되는 방식으로 두 가지가 있다. 첫 번째 방식은 [그림

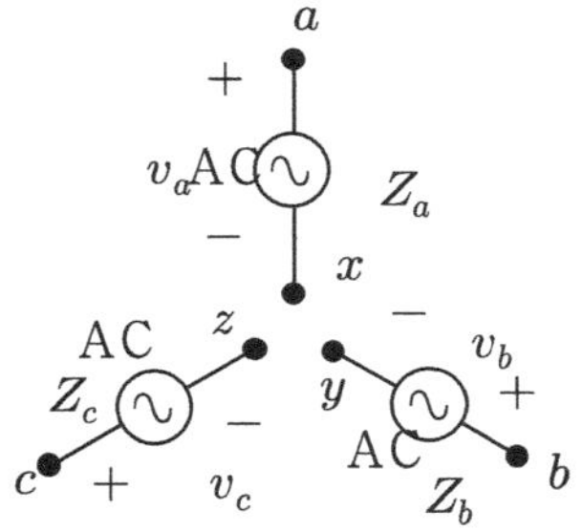

그림 19.2 3상 전원의 전기회로 표기

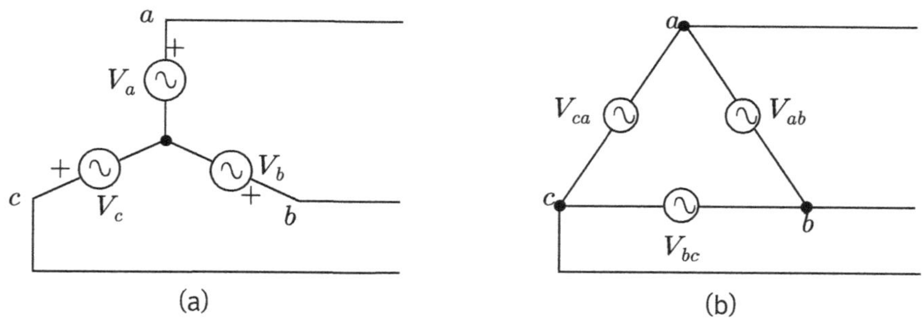

그림 19.3 3상 전원 방식: (a) Y형(Y connection) 방식, (b) △형(△ connection) 방식

19.2]에서 *x*, *y*, *z*를 함께 묶어 접속하고 각 권선의 다른 단자 *a*, *b*, *c*에서 하나씩 단자를 빼내어 사용하는 방식이다. 이상적인 전원이라 가정할 때 [그림 19.3] (a)와 같이 표시하며 이 방식을 Y형(Y connection) 방식 혹은 성형(star connection)방식이라 한다.

3상전원에서 많이 사용되는 두 번째 방식은 [그림 19.3] (b)와 같다. 즉 [그림 19.2]에서 단자 *x*와 *b*, *y*와 *c*, *z*와 *a*를 각각 접속하고 각 접속점에서 하나의 단자를 빼내어 사용하는 방식을 △형 방식이라 한다.

[그림 19.2]에서 각 상전압의 크기가 같고, 상전압의 위상차가 120° 이며, 각 상전압의 내부 임피던스가 동일한 경우 이를 평형 3상 전원(balanced three phase source)이라 한다. Y형 3상 전원에서는 중성선(neutral wire)을 빼내어 사용할 수도 있다. 즉 [그림 19.4]와 같이 접점 n으로부터 하나의 선을 빼내어 사용하는 경우도 있는데, 이 선을 중선선이라 한다.

Y결선 방식에서 중성선을 사용하는 경우 3상4선식이라 하고, Y결선 방식에서 중성선을 사용하지 않거나 △형 결선 방식을 사용하는 경우 3상 3선식이라 한다.

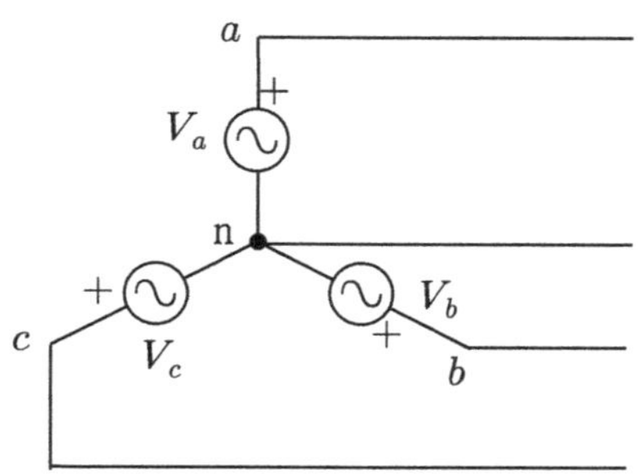

그림 19.4 3상 4선식 방식

2) 이상적인 평형 3상 전원과 부하의 결선

3상 전원의 각 단자를 부하와 연결한 것을 생각해 보면 여러 종류가 있을 수는 있으나 일반적으로 사용되는 두 가지 종류가 있다. 이 두 가지가 [그림 19.5]와 같은 구조이다. [그림 19.5]에서 3상 부하의 복소 임피던스 Z_1, Z_2, Z_3가 모두 같을 때 이것을 평형 부하(balanced load)라 하고, 그렇지 않는 경우를 불평형 부하(unbalanced load)라 한다. 부하가 불평형인 경우에는 복잡한 문제가 발생된다. 여기에서는 불평형 부하인 경우에 대한 설명은 생략하기로 한다.

평형 3상 전원의 3선을 부하에 연결할 때에는 부하의 대칭성이 깨어지지 않는 방향으로 결선이 되어져야 한다. 이것은 3곳의 동일 부하가 3선의 쌍을 가로질러 연결되어져야함을 말한다. 실제에서는 완전하지는 않지만 대체로 평형부하가 걸리도록 설계하여 사용한다. 부하 불평형에서 오는 문제는 본 실험의 범위를 벗어나므로 여기서는 언급하지 않기로 한다.

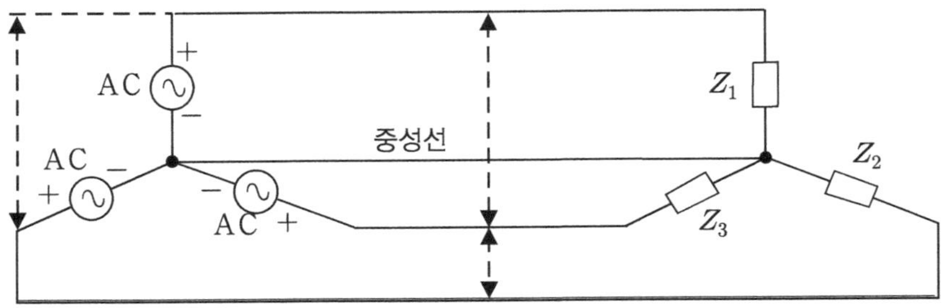

(a)

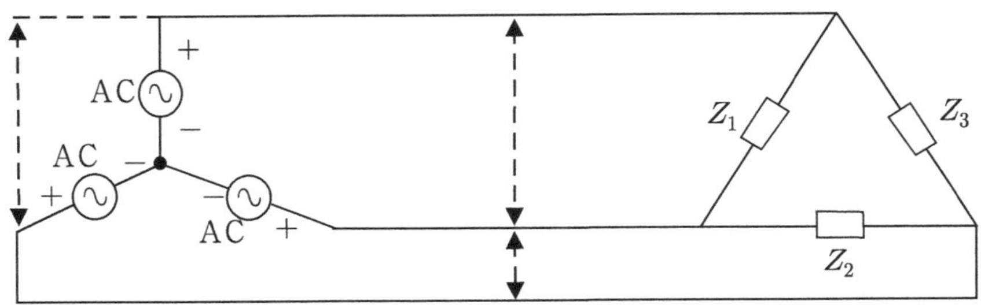

(b)

그림 19.5 3상 전원의 부하결선 형태: (a) Y형 부하, (b) △형 부하

3) 평형 3상 전원과 3상 부하의 전압과 전류

3-1) 평형 3상 전원에서 전압

평형 3상 전원의 Y형과 Δ형 사이의 등가변환을 살펴보기 위해 [그림 19.3]을 참고하자. 두 가지 형에서 전압 $\boldsymbol{V}_a, \boldsymbol{V}_b, \boldsymbol{V}_c$ 와 $\boldsymbol{V}_{ab}, \boldsymbol{V}_{bc}, \boldsymbol{V}_{ca}$ 가 특수한 관계를 가지면 두 형의 전원은 회로상의 점 a, b, c에 대해 등가가 된다. 즉 등가회로가 되기 위해서는 각 전원의 세 단자를 통하여 외부 회로에 어떠한 전류가 유출되더라도 단자 전압은 일정하게 유지되어야 한다. 등가회로가 성립되면 두 가지 형은 다음의 관계를 갖는다.

$$\boldsymbol{V}_{ab} = \boldsymbol{V}_a - \boldsymbol{V}_b,\ \boldsymbol{V}_{bc} = \boldsymbol{V}_b - \boldsymbol{V}_c,\ \boldsymbol{V}_{ca} = \boldsymbol{V}_c - \boldsymbol{V}_a \qquad (19.2)$$

[그림 19.3] (a)의 Y형 전원에서 상전압 $\boldsymbol{V}_a, \boldsymbol{V}_b, \boldsymbol{V}_c$ 은 단자-중성점 사이 전압을 말한다. 단자 a, b, c 간의 전압을 선전압이라 하며, 이는 세 단자 중 두 단자 사이의 전압을 말한다. 그러므로 선전압의 크기는 상전압의 $\sqrt{3}$ 배이다. 그러나 Δ형 전원에서는 중성점이 없으므로 단자 선전압과 상전압이 같다. 이것을 다시 정리하면 다음과 같다.

- 이상적인 평형 Y형 전원:

$$\text{선전압의 크기} = \sqrt{3} \times \text{상전압의 크기} \qquad (19.3)$$

- 이상적인 평형Δ형 전원:

$$\text{선전압의 크기} = \text{상전압의 크기} \qquad (19.4)$$

3-2) 전원과 부하 사이 전류

다음은 3상 시스템에서 부하를 살펴보자. 전기회로에서Δ형은 이와 등가적인 Y형 회로로 변환이 가능함을 앞의 실험(Y−Δ,Δ−Y변환 실험)에서도 보았다. 평형 3상 부하인 경우 Δ와 Y의 변환은 식 (12.4) ~ (12.6)으로부터

$$Z_Y = \frac{1}{3} Z_\triangle \tag{19.5}$$

의 관계를 갖는다. 전원과 부하 사이의 선전류를 살펴보기 위해 Y형 부하가 연결된 [그림 19.6]의 회로를 참고로 살펴보자.

평형 3상 회로에서 전원의 중성점과 부하의 중성점간 전압은 항상 0이다. 그러므로 이 두 점 사이에 어떠한 부하를 연결하더라도 전류는 흐르지 않는다. 따라서 [그림 19.6]에서와 같이 폐회로 n-a-a'-n을 고려할 때 선전류(line current) I_a는 다음과 같다.

$$I_a = \frac{V_a}{Z} \tag{19.6}$$

동일한 방법으로 나머지 두 선전류는 다음과 같다.

$$I_b = \frac{V_b}{Z},\ I_c = \frac{V_c}{Z} \tag{19.7}$$

평형 3상 회로는 3개의 독립적인 단상회로로 대치하여 생각할 수 있다. 따라서 등가 단상회로로부터 어느 한 상(phase)에 대한 전류, 전압만 구해지면 나머지는 120° 의 위상차만을 고려하면 얻어질 수 있다.

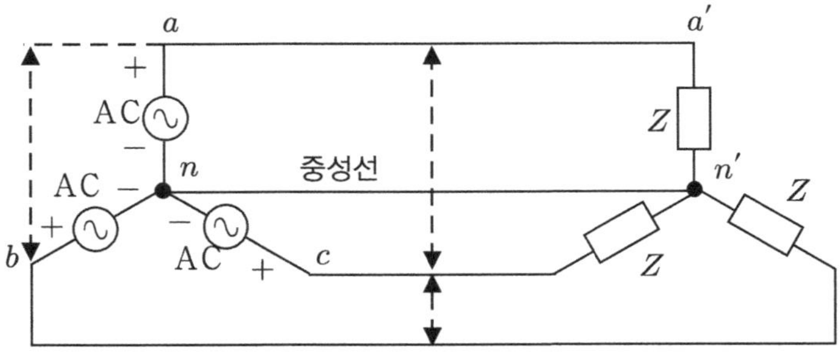

그림 19.6 3상 시스템에서의 선전류

19.2 실험준비

1) 실험기기 및 부품

- 멀티미터: 1대
- 3상 교류원: 1대
- 백열전구(220 V, 60 W): 3개
- 백열전구 용 소켓: 3개
- 전력 실험 용 브레드보드: 1대

2) 기타 실험준비

- 없음

19.3 실험방법

1) 평형 Y형 부하

① [그림 19.7]의 회로를 구성한다. 단 전원은 실험실에서 공급되는 220 V 전원공급기를 이용한다. 그리고 부하 Z는 동일한 백열전구로 한다.

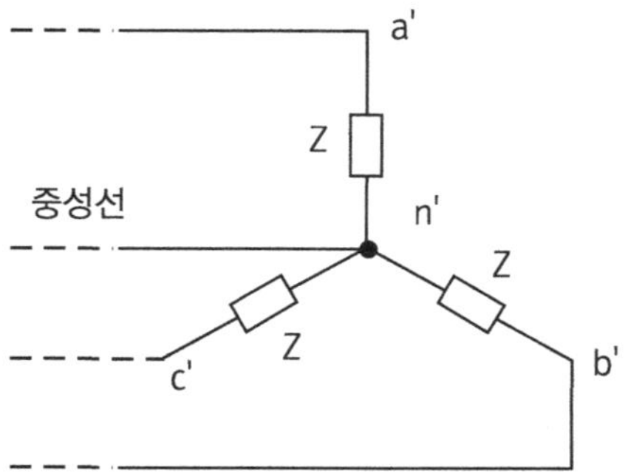

그림 19.7 Y형 3상 부하 실험용 회로

② 전압측정기를 이용하여 부하의 상전압 $V_{a'n'}$, $V_{b'n'}$, $V_{c'n'}$을 측정하여 [표 19.1]에 기록한다.

③ 전압측정기를 이용하여 부하의 선전압 $V_{a'b'}$, $V_{b'c'}$, $V_{c'a'}$을 측정하여 [표 19.2]에 기록한다.

④ 상전압과 선전압의 관계를 조사하고, 식 (19.3)과 같은 결과를 주는지 확인한다.

2) 평형△형 부하

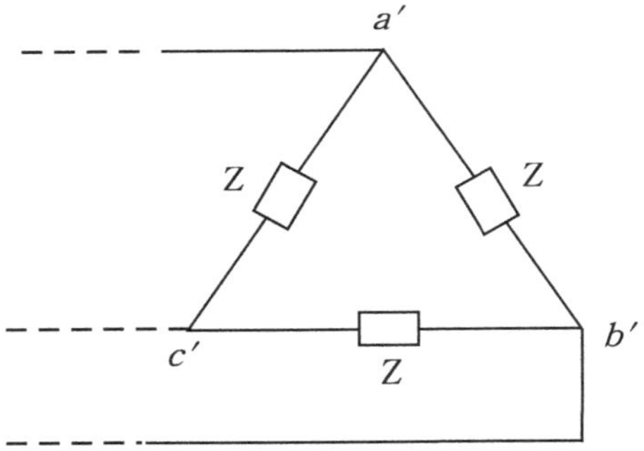

그림 19.8 △형 3상 부하 실험용 회로

① [그림 19.8]의 회로를 구성한다. 단 회로는 '평형 Y형 부하'의 ①과 같이 한다.

② 전압측정기를 이용하여 부하의 선전압 $V_{a'b'}$, $V_{b'c'}$, $V_{c'a'}$을 측정하여 [표 19.3]에 기록한다.

③ 선전류를 식 (19.6)과 (19.7)에 의해 구하고 [표 19.4]에 기록한다.

19.4 실험결과

표 19.1 Y형 부하에서 측정된 상전압

$V_{a'n'}$	$V_{b'n'}$	$V_{c'n'}$

표 19.2 Y형 부하에서 측정된 선전압

$V_{a'b'}$	$V_{b'c'}$	$V_{c'a'}$

표 19.3 △형 부하에서 측정된 선전압

$V_{a'b'}$	$V_{b'c'}$	$V_{c'a'}$

표 19.4 △형 부하에서 측정된 선전압을 이용한 선전류 계산값

$I_{a'b'}(=V_{a'b'}/Z)$	$I_{b'c'}(=V_{b'c'}/Z)$	$I_{c'a'}(=V_{c'a'}/Z)$

19.5 검토

상전압과 선전압 관계에 대해 측정된 데이터를 이론적인 양과 비교, 검토한다.

실험 20. 다이오드의 전기적 특성

목적

✓ 다이오드의 순방향과 역방향에 대한 전압-전류 특성을 학습한다.

20.1 관련이론

다이오드는 전기적으로 도체와 부도체의 중간적인 성격을 띤 반도체라 불리는 물질로 만들어진 전기, 전자 회로에 사용되는 소자이다. 본 실험에서는 반도체 물질로 만들어진 다이오드의 전기적 특성을 실험하고자 한다. 즉 실험의 핵심은 다이오드에 순방향과 역방향으로 전압을 인가하였을 때 다이오드를 흐르는 전류의 특성을 관측하는 것이다.

1) 반도체와 PN접합 다이오드

반도체는 도체나 부도체와 전기적으로 다른 특성을 지니고 있다. 반도체는 어떤 상태에서는 전기가 잘 통하지 않고 어떤 상태에서는 전기가 잘 통하는 특성을 지니고 있다. 다이오드는 이러한 반도체 물질로 제작된 전자소자이다.

다이오드 제작에 많이 사용되는 대표적인 반도체 물질로는 실리콘과 게르마늄을 들 수 있다. 실내온도(300^oK)에서 대표적인 반도체의 물질인 실리콘과 게르마늄의 저항률이 각각 $6.4\times10^2\ \Omega\cdot m$, $4.5\times10^{-1}\Omega\cdot m$인데, 이는 도체인 구리의 저항률 $1.7\times10^{-8}\ \Omega m$와 절연체인 마이카의 저항률 $5\times10^{10}\ \Omega m$의 중간적인 값을 가짐을 알 수 있다. 현재 기술로 제조 가능한 실리콘의 순도는 일레븐 나인, 즉 99.999999999%까지 얻을 수 있다.

그런데 실리콘이나 게르마늄의 저항률은 이들 물질에 불순물이라 불리는 특정한 물질을 첨가함으로써 저항률의 조절이 가능하다. 불순물이 첨가된 실리콘이나 게르마늄은 불순물의 종류에 따라 N형과 P형으로 나누어진다. 4족 원소인 순수 실리콘이나 게르마늄에 인(P)이나 안티몬(Sb)과 같은 5족 원소의 불순물이 첨가되면 이를 N형 반도체라 하고, 순수 실리콘이나 게르마늄에 알루미늄(Al)이나 붕소(B)와 같은 3족 원소가 첨가되면 이를 P형 반도체라 한다.

만약 하나의 실리콘에 반쪽은 N형 불순물이 첨가되고 다른 반쪽은 P형 불순물이 첨가되면 두 영역 사이에 접합면이 형성되는데, 이를 PN접합이라 한다. 이렇게 만들어진 PN 접합을 갖는 소자를 PN접합 다이오드라 부른다.

[그림 20.1]은 PN 접합 다이오드의 개념도를 나타낸다. [그림 20.1] (a)는 불순물 첨가에 따른 P형 영역과 N형 영역을 나타낸 개념도이며, (b)는 각 영역에서 전자(electron)와 홀(hole)의 분포를 나타낸 개념도이다. 즉 다이오드의 P형에는 홀이 분포하며, N형에는 자유전자들이 분포한다. (b)의 개념도는 접합 부근에서 자유전자와 홀이 이동을 하기 직전의 상태를 그린 것이다.

실제에서는 P형 반도체와 N형 반도체가 접합이 이루어질 때 접합면을 중심으로 전자들의 이동이 일어난다. PN접합이 이루어지는 순간 P형 영역과 N형 영역의 전자농도 차이에 의해 N 영역의 전도대 전자들은 모든 방향으로 확산(diffusion)을 한다. 그러므로 P형과 N형 접합이 이루어지는 순간 N 영역 전자들의 일부분은 P 영역으로 확산을 하여 P영역의 홀과 재결합을 한다. 이러한 재결합이 이루어지면 접합 부근의 각 영역에서는 양과 음의 이온들이 발생하게 되며 결과적으로 전계가 발생하게 된다. 이렇게 발생된 전계는 자유전자의 확산에 의한 이동을 방해하는 방향으로 진행된다. 방해하는 전계 힘과 확산을 하려고 하는 힘이 평형을 이루게 되면 그때부터는 더 이상 전자의 확산이 일어나지 않는 평형상태가 되는데, 이 현상을 PN 접합의 열평형상태라 한다.

PN 접합의 열평형상태를 그림으로 나타낸 것이 [그림 20.2]이다. 전자의 이동과 재결합으로 나타난 PN 접합 부분을 고갈영역(depletion region)이라 한다. 즉 고갈영역에서는 전자와 홀의 재결합으로 인해 반도체 원자들은 이온화 상태로 존재하게 된다.

(a) (b)

그림 20.1 PN 접합다이오드의 개념도:
(a) 첨가된 불순물 종류에 따른 P형 영역과 N형 영역에 대한 개념도,
(b) 영역에 따른 전자(electron)와 홀(hole)의 분포에 대한 개념도

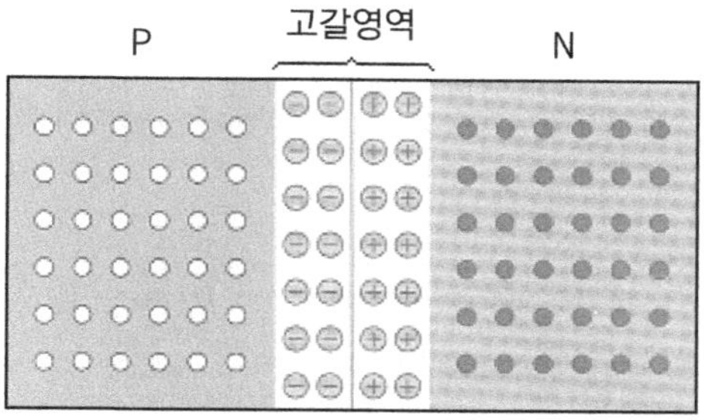

그림 20.2 PN 접합다이오드의 열평형상태에 대한 개념도

2) 다이오드의 전압-전류 특성곡선

N형 반도체와 P형 반도체가 금속적으로 접합이 이루어지면 PN접합 다이오드가 되는데, 다이오드의 기호는 [그림 20.3] (a)와 같다.

PN접합 다이오드는 어느 한 방향으로만 전류가 흐르게 된다. 이상적인 PN접합 다이오드의 전압-전류 특성은 [그림 20.3] (b)와 같이 모델링된다. 여기서 V_d와 I_d는 각각 다이오드 양단에 인가된 전압과 다이오드를 통해 흐르는 전류를 나타낸다.

P형 쪽에 전원의 양(+)극을, N형 쪽에 음(-)극을 연결하였을 때 순방향으로 바이어스 되었다고 한다. 또한 N형 쪽에 전원의 양(+)극을, P형 쪽에 음(-)극을 연결하였을 때 역방향으로 바이어스되었다고 한다. 따라서 이상적인 다이오드에서는 역방향으로 바이어스되는 경우 [그림 20.3] (b)의 왼쪽 부분에서와 같은 특성을 보여 전류가 흐르지 않으며, 순방향으로 바이어스되는 경우 도선과 같은 역할을 하여 그림 (b)의 오른쪽 부분과 같은 단락 특성을 보인다.

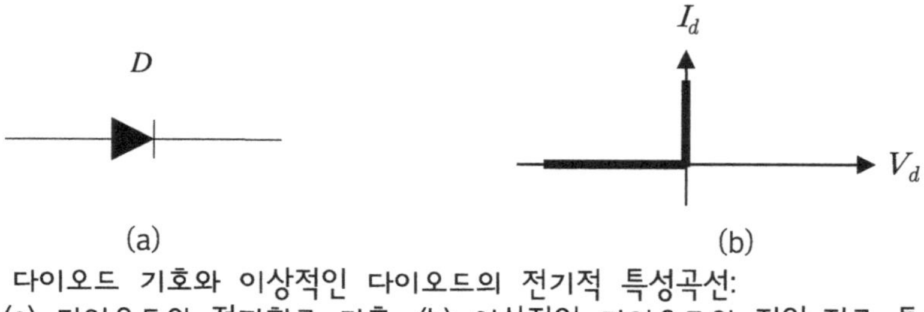

그림 20.3 다이오드 기호와 이상적인 다이오드의 전기적 특성곡선:
(a) 다이오드의 전자회로 기호, (b) 이상적인 다이오드의 전압-전류 특성곡선

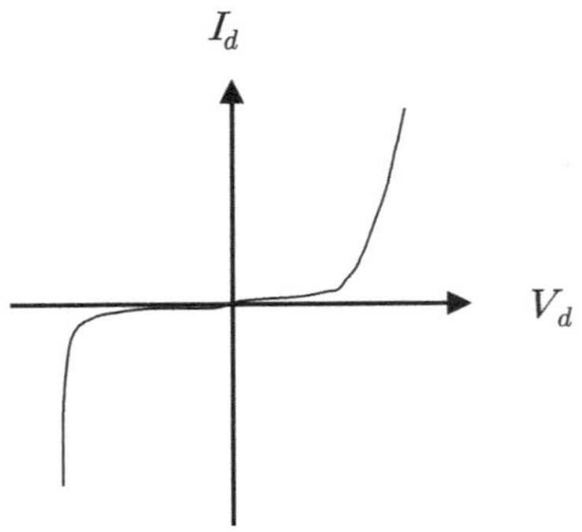

그림 20.4 실제 PN 접합 다이오드의 전압-전류 특성곡선

실제의 다이오드는 여러 가지 이유로 순방향과 역방향 모두에서 이상적인 다이오드와는 조금 다른 특성을 보인다. 실제 다이오드의 전압 V_d와 전류 I_d의 관계는 [그림 20.4]와 같다.

순방향으로 바이어스될 때 다이오드 내의 다수 캐리어 이동에 의해 충분한 전류가 흐르며 역방향으로 바이어스될 때는 소수 캐리어의 이동에 의해 미세한 전류(역포화 전류라 불림)가 흐른다. 따라서 순방향으로는 저항이 거의 0에 가까우며, 역방향으로는 저항이 아주 크다. 그러나 역방향 바이어스가 점점 커져 어느 정도 이상이 되면 반도체 내의 충만대 전자가 붕괴 현상을 일으켜 대규모의 전자들이 이동하게 되어 엄청난 전류가 흐르게 된다. 이와 같이 충만대 전자의 붕괴가 일어나기 시작하는 역방향 전압을 항복전압이라 한다. 다이오드가 스위치에 이용되기도 하는데, 이 경우에는 다이오드에 걸리는 역방향 전압을 항복전압보다 낮은 범위에서 사용하여야 한다.

식 (20.1)은 실제 다이오드의 전압-전류 관계식을 나타낸 것이다.

$$I_d = I_0 \left(e^{\frac{qV_d}{nkT}} - 1 \right) \tag{20.1}$$

여기서 I_0는 다이오드의 역포화 전류, q는 전자의 전하량(1.6×10^{-19}C), k는 Boltzmann 상수, T는 절대온도, n은 다이오드의 이상계수(ideality factor)로서 물질에 따라 1~2 사이의 값을 갖는다.

다이오드의 순방향과 역방향의 상태를 멀티미터를 사용하여 확인할 수 있다. 먼저 멀티미터의 측정 영역(range)을 저항측정 부분에 두고 멀티미터의 두 측정 단자를 다이오드의 양다리에 연결한다. 연결된 상태에서 저항값을 측정하여 저항 값이 아주 크게 나타나면 그 방향은 역방향이 된다. 반대로 저항 값이 아주 작게 나타나면 그 방향은 순방향이 된다.

20.2 실험준비

1) 실험기기 및 부품

- 저항(250 Ω): 1개
- 실리콘 다이오드: 1개
- 게르마늄 다이오드: 1개
- 멀티미터: 1대
- 전원공급기: 1대
- 오실로스코프: 1대

2) 기타 실험준비

- 없음

20.3 실험방법

1) 실리콘 다이오드의 전기적 특성 실험

① 멀티미터를 사용하여 실리콘 다이오드의 극성을 검사한다.

② 저항 $R = 250$ Ω, PN접합형 실리콘 다이오드를 사용하여 [그림 20.5]의 회로를 구성한다. 이 때 전원은 직류 0 V로 조정한다.

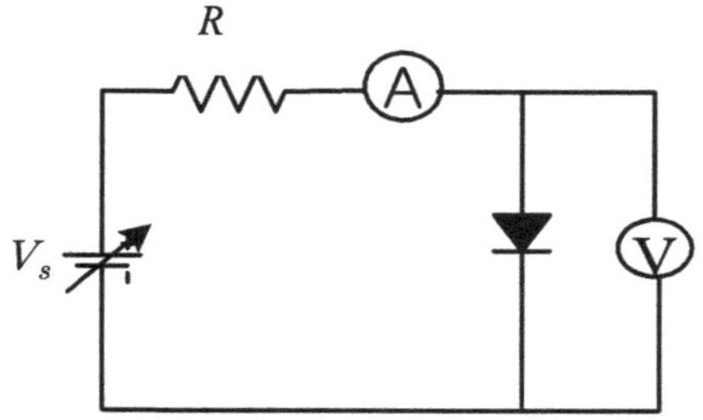

그림 20.5 다이오드의 순방향 전압-전류 특성 실험을 위한 회로

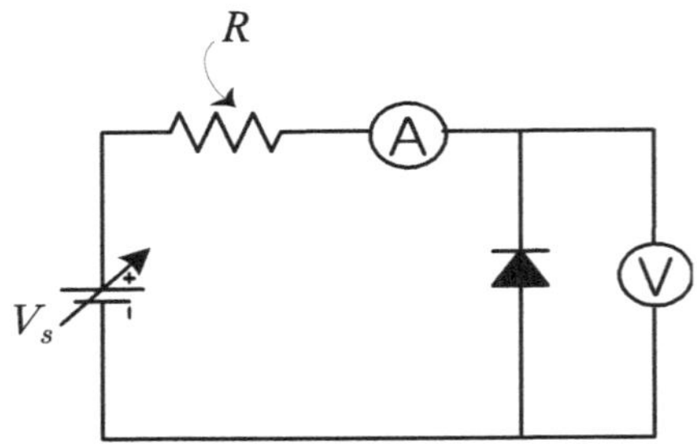

그림 20.6　다이오드의 역방향 특성 실험을 위한 회로

③ 다이오드 양단에 인가된 전압과 다이오드를 흐르는 전류를 측정하여 [표 20.1]에 기록한다.

④ 전원의 전압을 조정하여 [표 20.1]에 기록된 '다이오드 순방향 V_d' 값이 되도록 V_s를 변화시키면서 ③의 과정을 반복한다.

⑤ 다이오드의 방향을 바꾼 상태, 즉 [그림 20.6]의 회로를 구성한다. 이 때 $R = 260\ \Omega$ 전원은 직류 0 V로 재조정한다.

⑥ 다이오드 양단에 인가된 전압과 다이오드를 흐르는 전류를 측정하여 [표 20.1]에 기록한다.

⑦ 전원 V_s의 직류 전압을 조정하여 [표 20.1]에 기록된 '다이오드 역방향 V_d' 값이 되도록 변화시키면서 ⑥의 과정을 반복한다.

⑧ [표 20.1]에 기록된 데이터를 이용하여 다이오드의 전압-전류 특성 그래프를 [그림 20.7]에 그린다. 이 때 가로축을 다이오드에 걸리는 전압, 세로축을 다이오드를 흐르는 전류로 한다.

⑨ 실제 측정된 곡선이 [그림 20.4]의 그래프와 유사한지를 비교한다.

2) 게르마늄 다이오드 특성 실험

① [그림 20.5]와 [그림 20.6]의 회로에서 실리콘 다이오드 대신 게르마늄 다이오드로 대체하고 '실리콘 다이오드의 전기적 특성 실험'에서 ② ~ ⑧의 과정을 거치면서 결과를 [표 20.2]에 기록하고, [그림 20.8]에 전압-전류 특성 곡선을 그린다.

② 실제 측정값에 의한 곡선이 [그림 20.4]의 그래프와 유사한지를 비교한다. 단 실리콘 다이오드와 게르마늄 다이오드의 임계전압(threshold voltage)은 서로 다르나 기본적인 그래프의 형태는 비슷하다.

20.4 실험결과

표 20.1 실리콘 다이오드의 전압-전류 특성 실험결과

순방향		역방향	
V_d [V]	I_d [mA]	V_d [V]	I_d [mA]
0		0	
0.1		1	
0.2		3	
0.3		5	
0.4		7	
0.5		9	
0.6		11	
0.7		13	
0.8		15	
0.9		17	
1.0		19	

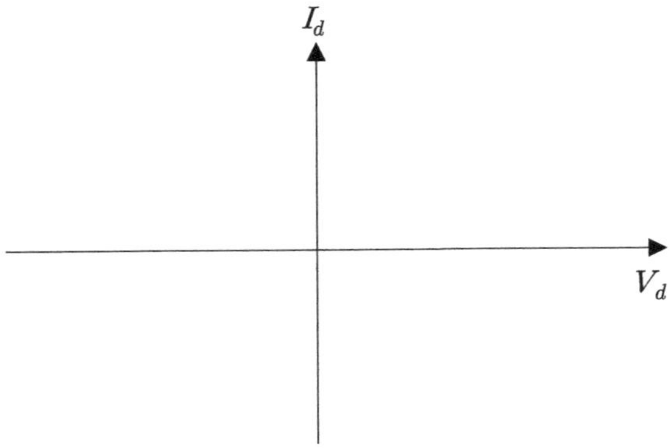

그림 20.7 실리콘 다이오드의 전압-전류 특성실험 결과

표 20.2 게르마늄 다이오드의 전압-전류 특성 실험결과

순방향		역방향	
V_d [V]	I_d [mA]	V_d [V]	I_d [mA]
0		0	
0.1		1	
0.2		3	
0.3		5	
0.4		7	
0.5		9	
0.6		11	
0.7		13	
0.8		15	
0.9		17	
1.0		19	

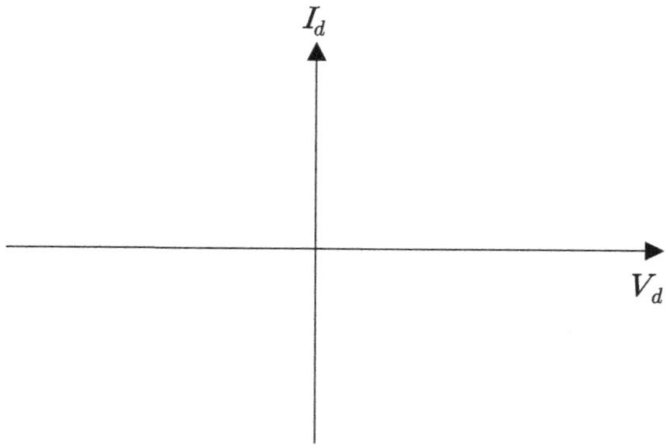

그림 20.8 게르마늄 다이오드의 전압-전류 특성실험 결과

20.5 검토

측정에 의한 다이오드의 전압-전류 특성곡선이 이론적 특성곡선과 같은 형태인지를 비교하면서 이를 이해한다.

실험 21. 다이오드를 이용한 반파 및 전파 정류회로

목적

✓ 반파정류회로의 동작원리를 이해하고 출력 파형을 관찰한다.
✓ 전파정류회로의 동작원리를 이해하고 출력 파형을 관찰한다.

21.1 관련이론

정류기는 교류전압(예: 110 V ~ 60 Hz, 220 V ~ 60 Hz)을 직류전압으로 바꾸는데 이용된다. 교류전원을 이용하는 직류 전원공급기는 정류기의 응용 예이다. 따라서 교류전원을 이용하는 직류 전원공급기는 기본적으로 정류기와 필터로 구성되어 있다.

정류회로에는 반도체 다이오드가 사용된다. 특히 확산접합형 실리콘 다이오드가 정류기에 많이 사용된다. 이 다이오드는 역방향 항복전압이 높고, 역포화 전류 I_0가 다른 형의 다이오드보다 작으며, 순방향 전류는 크게 흐른다.

정류기는 반파정류기와 전파정류기로 구분된다. 본 실험에서는 2가지 모두 다룬다.

1) 반파정류회로

[그림 21.1]은 간단한 반파(half wave) 정류기의 기본회로도를 나타낸 것이다. 반파정류회로를 살펴보기 위해 우선 다이오드의 전압-전류 특성은 이상적이라고 가정하자. 이상적인 다이오드라 함은 순방향으로 바이어스 된 경우에 순방향 저항이 0Ω, 역방향으로 바이어스 된 경우에 역방향 저항이 ∞가 되는 특성을 갖는 다이오드를 말한다.

이상적인 다이오드를 사용하여 만들어진 정류기에서 다이오드는 스위치 기능을 갖는다. 즉 [그림 21.1]에서 다이오드 D가 순방향으로 바이어스 된 경우에는 ON, 역방향으로 바이어스 된 경우에는 OFF 기능을 수행한다. 만약 [그림 21.1]의 전원 v_i가 [그림 21.2] (a)와 같은 정현파라 하면, 다이오드의 출력 부분에 연결된 저항 R_L에서 측정되는 전압은 [그림 21.2] (b)와 같은 입력전압의 양(+)의 반주기에 해당되는 파형이다.

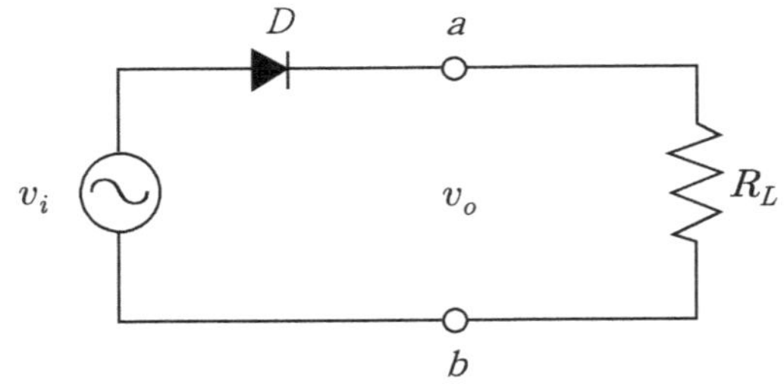

그림 21.1 반파정류회로

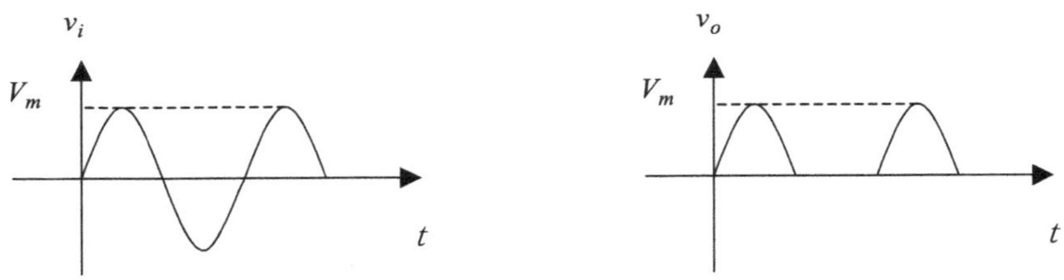

(a) (b)

그림 21.2 반파정류회로의 입력과 출력 파형: (a) 입력 파형, (b) 출력 파형

반파 정류된 신호의 평균치 V_{dc}는 [그림 21.2] (b)에 나타난 파형을 퓨리에 변환하였을 때 얻을 수 있는 직류성분에 해당되는 값이다. 입력신호의 정현파를 다음과 같이 표현하자.

$$v_i(t) = V_m \sin(wt + \Phi) \tag{21.1}$$

여기서 V_m은 진폭을, w와 Φ는 각각 각주파수와 위상을 나타낸다.

즉 식 (21.1)과 같은 정현파가 반파정류회로에 인가될 때 이 회로의 출력에 나타나는 전압의 평균치는

$$\begin{aligned} V_{dc} &= \frac{1}{T}\int_{t_0}^{t_0+T} v_0(t)\,dt \\ &= \frac{1}{T}\int_{0}^{T/2} v_0(t)\,dt = \frac{V_m}{\pi} \end{aligned} \tag{21.2}$$

이 된다. 여기서 T는 입력신호 v_i의 주기를 나타내며, $\omega = 2\pi/T$의 관계를 갖는다. 그러므로 반파정류회로의 출력 평균값은 진폭 V_m 의 $1/\pi$(약 0.318)배에 해당되는 값이다.

실제 다이오드는 역방향에서 항복현상이 일어날 수 있으므로, 정류회로에서는 다이오드가 항복현상이 일어나지 않는 전압범위에서 사용한다.

2) 전파정류회로

전파(full wave) 정류기는 정현파 교류신호의 양(+)과 음(-)의 두 파형을 모두 통과시키나 음(-)의 파형은 -1을 곱하여 출력으로 보내준다. 따라서 교류를 직류로 바꾸는 회로에 이용되는 경우 반파 정류기보다 변환효율이 2배가 된다. [그림 21.3] (a)는 중앙탭(center- tap)이 있는 전파정류회로를 나타낸다. 그리고 다이오드 또한 이상적이라 가정한다.

전파정류회로의 출력 파형을 좀 더 자세히 살펴보자. [그림 21.3] (a)에서 입력신호의 양(+)의 반주기 동안은 다이오드 D_1이 ON되고 D_2는 OFF가 된다. 그리고 입력신호의 음(-)의 반주기 동안은 다이오드 D_1이 OFF되고 D_2는 ON이 된다. 따라서 두 다이오드의 출력이 만나는 지점(a점)을 양(+)으로 하고 중앙탭 부분(b점)을 접지로 하였을 때, 저항 R_0에 나타나는 전압 $v_o(=v_{ab})$는 항상 양의 전압이 된다. 즉 전파정류회로의 출력 v_o은 [그림 21.3] (b)와 같이 된다.

전파정류회로에서 출력의 평균, 즉 직류 성분은

$$V_{dc} = \frac{1}{T}\left[\int_0^{T/2} v_i(t)\,dt \; - \int_{T/2}^{T} v_i(t)\,dt\right] = \frac{2}{\pi} V_m \tag{21.3}$$

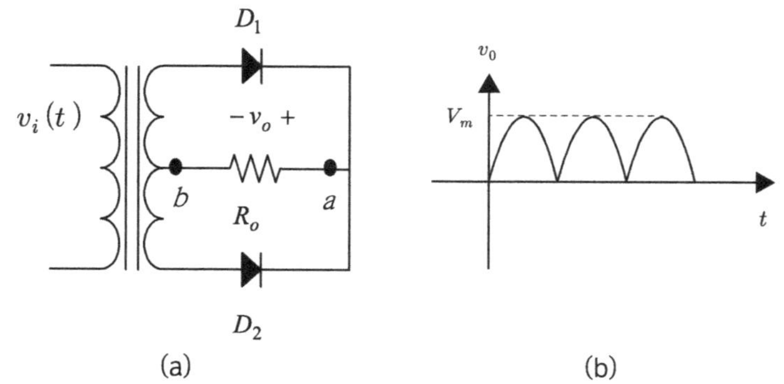

그림 21.3 전파정류회로와 출력 파형: (a) 전파정류회로, (b) 출력 파형

이 된다. 위 식에서 등호 오른쪽의 두 번째 적분에 음(-)의 부호는 전파정류가 이루어진 결과로 입력 신호의 음의 부분이 출력에는 양의 값으로 나타난 결과이다. 그러므로 전파정류회로의 출력 평균은 반파정류회로 출력 평균의 2배, 입력 신호 최대치의 약 0.636배가 된다.

실제 다이오드를 사용할 때에는 역방향에서 항복현상이 일어나지 않는 범위에서 사용한다.

21.2 실험준비

1) 실험기기 및 부품

- 저항 10 ㏀: 2개
- PN 접합 다이오드: 3개
- 12볼트용 변압기 (1:2 혹은 1:1): 1대
- 함수발생기: 1대
- 멀티미터: 1대
- 오실로스코프: 1대

2) 기타 실험준비

- 없음

21.3 실험방법

1) 반파정류회로 실험

① 다이오드 D를 PN접합 다이오드, R_L = 10 ㏀, 전원을 함수발생기로 구성하는 [그림 21.1]의 반파정류회로를 만든다. 이 때 입력신호는 함수발생기에서 진폭 5 V, 주파수는

적절히 선택하여 신호를 발생시켜 사용한다.

② 오실로스코프를 Dual 모드로 선택하고, CH1 채널을 회로의 입력단에 연결하고 CH2 채널을 출력단에 연결한다.

③ 입력과 출력 파형 각각을 관측한 후 [그림 21.4]에 그린다.

④ 입력, 출력 파형이 [그림 21.2]의 파형과 같은 모양인지 확인한다.

2) 전파정류회로 실험

① D_1과 D_2를 PN접합 다이오드, R_0를 10 ㏀, 입력전원을 진폭 5 V, 주파수 10 ㎑, 중앙탭을 갖는 1:2 변압기를 사용하여 [그림 21.3] (a)의 전파정류회로를 구성한다.

② 오실로스코프를 Dual 모드로 두고 CH1 채널을 회로의 입력단에 연결하고 CH2 채널을 출력단에 연결한다.

③ 입력 파형과 출력 파형 각각을 관측한 후 [그림 21.5]에 그린다.

④ 입력과 출력 파형이 [그림 21.3]의 파형과 같은 모양을 보이는지 확인한다.

⌘ 입력전원의 진폭과 주파수, 저항 R_0의 값을 적절한 다른 값으로 바꾸어 사용하여도 무방함.

21.4 실험결과

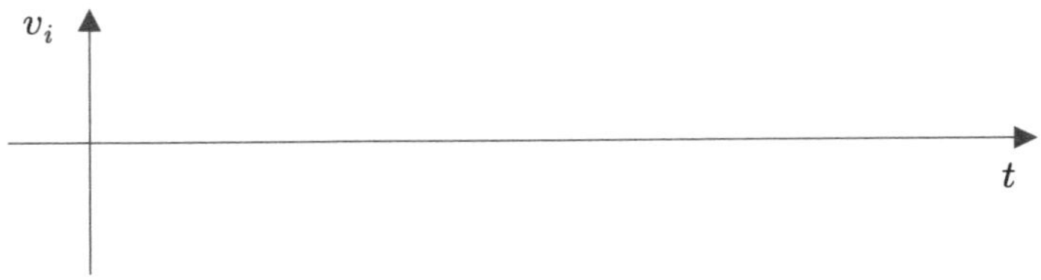

(a)

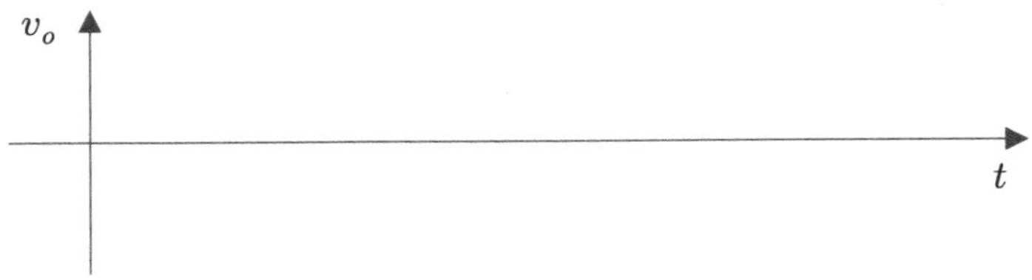

(b)

그림 21. 4 반파(half wave) 정류회로의 실험결과: (a) 입력파형, (b) 출력파형

(a)

(b)

표 21.5 전파(full wave) 정류회로의 실험결과: (a) 입력파형, (b) 출력파형

21.5 검토

측정에 의한 반파정류회로와 전파정류회로의 출력 파형을 살펴본다. 예측 파형이 나오지 않은 경우 원인분석을 한다.

실험 22. 제너다이오드의 전기적 특성

목적

✓ 제너다이오드의 전기적 특성을 이해한다.

22.1 관련이론

제너다이오드 또한 반도체 다이오드의 일종으로 정전압 다이오드라고도 한다. 이 다이오드도 일반적인 다이오드와 같은 PN접합 구조이나 차이점은 매우 낮고 일정한 항복 전압 특성을 갖고 있어, 역방향으로 특정 이상의 항복 전압이 가해졌을 때 전류가 흐른다. 특히 일반적인 PN접합다이오드와는 달리 제너다이오드는 역방향 바이어스 인가시에 동작하도록 설계, 제작된다.

1) 제너다이오드에서 항복현상

제너다이오드의 동작을 이해하기 위해서는 두 가지 종류의 항복현상을 알아야 한다. 이에 대해 간략히 설명하기로 한다.

P형 반도체와 N형 반도체를 접합한 PN구조에서 역전압을 인가하면 미약한 역포화전류가 흐르는데, 역전압을 더욱 크게 증가시키면 갑자기 전류가 증가하기 시작하는 현상을 일반적으로 PN접합 항복이라 한다.

PN접합 항복 중에서 특히 P형 반도체 영역에 있는 원자의 가전자띠에 있는 전자가 이 영역을 빠져나가 N형 반도체에 도달하는 양자역학적 현상은 터널효과에 의한 것으로 이를 제너항복(Zener breakdown)이라 한다. 제너다이오드는 제작 시에 항복전압을 줄이기 위해 불순물 농도를 높게 도핑하기 때문에 공핍층이 매우 좁다. 항복전압 부근에서는 공핍층에서 전계가 매우 강하여 가전자대의 전자들을 끌어가기에 충분하여 강한 전류를 발생시킨다. 약 5V 이하에서 항복전압을 갖는 제너다이오드는 주로 제너항복 현상에서 동작을 한다.

한편 반도체 내부에 강한 전계가 인가되면 이 전계에 의해 캐리어가 가속됨으로써 가속된 캐리어가 반도체 결정 내의 원자와 충돌하여 새로운 캐리어를 발생하는 과정이 반복된다. 이 때 생기는 전류의 증폭에 의해 현저하게 전기 저항이 작아지는 상태를 전자사태항복(avalanche breakdown)이라 한다. 전자사태항복 현상은 다이오드에 충분한 역전압이 인가되는 경우 정류형 다이오드에서도 일어난다. 약 5 V이상의 항복전압을 갖는 제너다이오드는 주로 전자사태항복 현상에서 동작한다.

즉 제너항복과 전자사태항복 현상의 이용 경우를 살펴보면, 5 V 이하에서는 제너항복 현상이, 그 이상 전압에서는 전자사태항복 현상이 주 특성이 된다.

2) 제너다이오드의 전기적 특성

제너다이오드의 회로기호는 [그림 22.1]과 같다. 제너다이오드에서 전압이 순방향으로 인가될 때의 전기적 특성곡선을 나타내는 영역을 순바이어스 영역이라 하고, 역방향으로 전압이 인가될 때 전기적 특성곡선을 나타내는 영역을 역바이어스 영역이라 하며, 역전압이 인가되어도 아주 작은 양의 전류가 흐르는 영역을 무릎영역이라 한다.

다시 말하자면, 역전압이 0 V에서 조금씩 증가하여도 무릎영역에서는 미세한 역전류만 흐른다. 그런데 무릎영역을 지나는 순간 조금 더 큰 역전압이 인가되는 경우 급격하게 전류의 양이 증가한다. 무릎영역 아래로부터 항복전압 V_z는 거의 일정하게 남는다. 이러한 조절능력이 제너다이오드의 핵심적 특성이다. 즉 이러한 특성을 이용하기 위해 만들어진 다이오드를 제너다이오드라 한다.

그림 22.1 제너다이오드의 회로기호

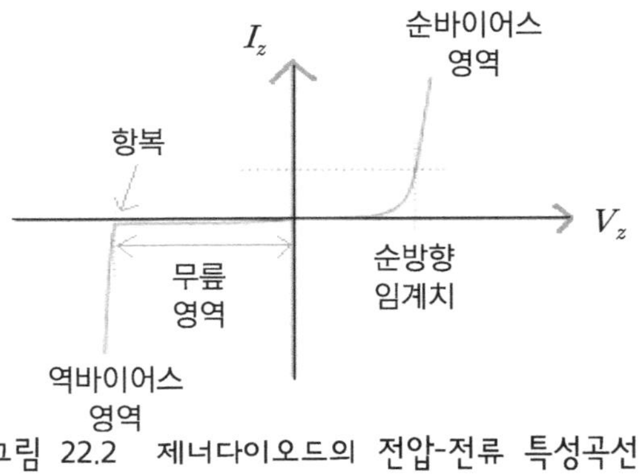

그림 22.2 제너다이오드의 전압-전류 특성곡선

3) 제너다이오드의 등가회로

[그림 22.3]은 이상적인 제너다이오드와 실제 제너다이오드의 전기적 등가회로를 나타낸다. [그림 22.3] (a)에서 보인 이상적인 제너다이오드는 단순히 제너전압과 같은 배터리 역할을 한다. 그리고 [그림 22.3] (b)에서 보인 실제 제너다이오드는 다이오드 내부저항, 즉 제너저항 R_z가 존재한다. 제너저항은 ac(교류) 저항으로 작용하는데 이는 전압변화와 전류변화의 비에 의존하기 때문이다. 따라서 특성곡선의 영역에 따라 제너저항 값이 달라진다.

[그림 22.4]는 이상적인 제너다이오드와 실제 제너다이오드의 전기적 특성곡선을 보여준다. [그림 22.4] (a)는 이상적인 제너다이오드의 전기적 특성곡선을 나타내는 것으로, 항복전압 이하의 크기를 갖는 역전압이 인가될 때는 제너다이오드에 전류가 전혀 흐르지 않으며,

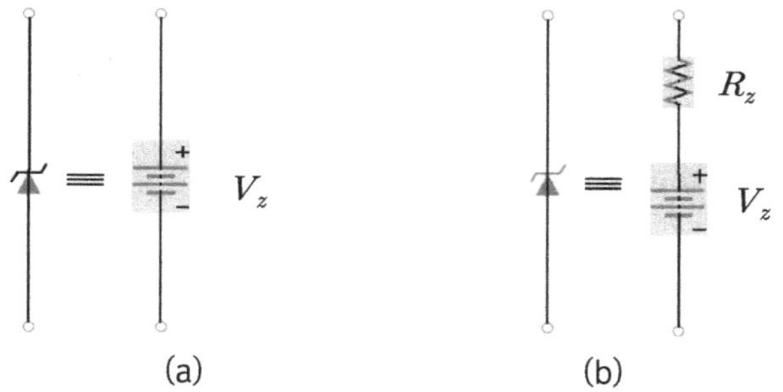

그림 22.3 제너다이오드의 등가회로;
(a) 이상적 제너다이오드, (b) 실제 제너다이오드

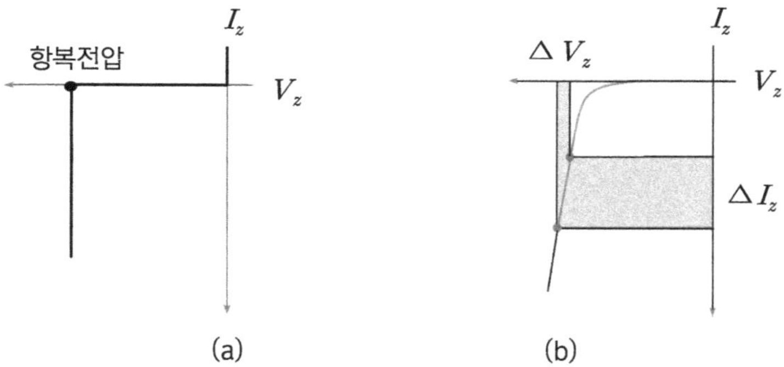

그림 22.4 제너다이오드의 전기적 특성곡선과 제너저항;
(a) 이상적 제너다이오드, (b) 실제 제너다이오드

항복전압 이상의 크기를 갖는 역전압이 인가될 때는 도선과 같은 현상을 보인다. [그림 22.4] (b)는 실제 제너다이오드의 전기적 특성을 보여주는 것으로, 제너저항은 $\triangle V_z$와 $\triangle I_z$의 비로 주어진다. 즉 제너저항은 식 (22.1)과 같다.

$$R_z = \frac{\triangle V_z}{\triangle I_z} \tag{22.1}$$

대체로 제너저항 R_z의 값은 역바이어스 대부분 영역에서 근사적으로 일정하다.

22.2 실험준비

1) 실험기기 및 부품

- 저항 : 680 Ω 1개
- 제너다이오드 : 1개
- 전원공급기(가변 가능) : 1대
- 오실로스코프 : 1대

2) 기타 실험준비

- 없음

22.3 실험방법

① 저항 $R = 680\ \Omega$, 제너다이오드, 전원공급기로 [그림 22.5]의 회로를 구성한다.

② DC 입력전압 $V_i = 0$볼트에서 미세한 전압증가(0.5 V)를 한 후 출력 V_o를 측정하여 [표 22.1]에 기록한다.

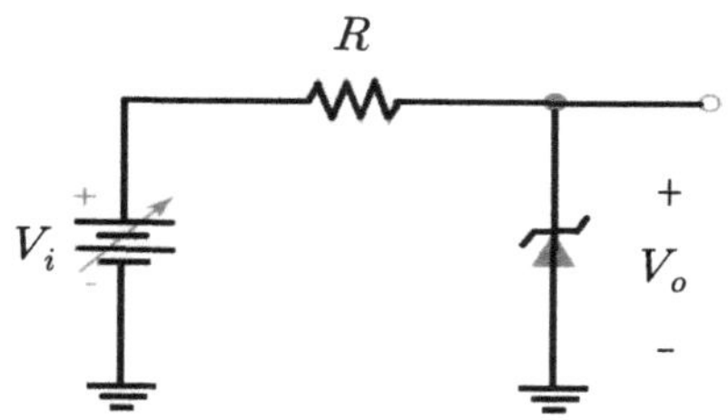

그림 22.5 제너다이오드 실험용 회로

③ [표22.1]에 기재된 바와 같이 입력 전압을 변화시키면서 ②의 과정을 반복한다.

④ 제너다이오드의 항복 전압을 체크한다.

22.4 실험결과

표 22.1 제너다이오드의 전기적 특성곡선 실험결과

입력전압 V_i[V]	출력전압 V_o[V]	항복전압
0		
1		
5		
6		
7		
8		
9		
10		
11		
.		
.		
.		
.		
.		

22.5 검토

제너다이오드의 전기적 특성 실험결과가 [그림 22.4] (b)와 같은 현상을 보이는지 비교하고, 그렇지 않는 경우 그 원인을 분석한다.

실험 23. 트랜지스터(BJT)의 전기적 특성

목적

- ✓ 바이폴라접합 트랜지스터의 바이어스 방법을 익힌다.
- ✓ 바이폴라접합 트랜지스터의 동작원리를 이해한다.

23.1 관련이론

트랜지스터의 역사는 1948년 미국 벨 연구소에서 W. Shockley를 비롯한 세 사람으로 구성된 팀의 연구에서 비롯된다. 초기의 트랜지스터는 지금의 바이폴라 접합소자는 아니었지만 오늘날의 복잡한 전자소자나 시스템 개발의 근본이 되고 있다. 본 실험에서는 바이폴라접합 트랜지스터(BJT: Bipolar Junction Transistor)의 전기적 특성을 익히고자 한다.

1) 트랜지스터 구조

오늘날의 바이폴라접합 트랜지스터(BJT)는 [그림 23.1]에 보여지는 바와 같이 하나의 소자 속에 두 개의 pn 접합으로 구성되어 있다. 접합이 np와 pn의 순서로 접합된 형태를 npn 트랜지스터라 하고, pn과 np의 순서로 접합된 형태를 pnp 트랜지스터라 한다. 즉 npn과 pnp 트랜지스터의 구조는 각각 [그림 23.1] (a)와 (b)와 같다. 여기서 E, B, C는 각각 에미터, 베이스, 콜렉터를 나타낸다.

(a) (b)

그림 23.1 BJT의 구조: (a) npn 구조, (b) pnp 구조

그림 23.2 BJT의 전자회로 기호:
(a) npn 트랜지스터의 기호, (b) pnp 트랜지스터의 기호

전기, 전자 회로에서 사용되는 트랜지스터의 기호는 [그림 23.2]에 보인다. 전극의 콜렉터와 에미터를 구별하기 위해 에미터에 화살표를 붙이는데, 화살표의 방향이 전류가 흐르는 방향을 나타낸다.

2) 트랜지스터의 기본 동작

pnp형 트랜지스터와 npn형 트랜지스터를 동작시키려면 pn접합으로 된 에에미터와 베이스 사이에는 순방향의 직류 전압을 인가하고, np접합으로 된 베이스와 컬렉터 사이에는 역방향의 직류 전압을 인가해야 한다. 이와 같이 트랜지스터에 직류 전압을 인가하는 것을 바이어스를 인가한다고 한다. [그림 23.3]은 pnp 트랜지스터에 바이어스를 인가한 상태를 보여준다.

바이어스를 인가하면 트랜지스터의 결정 속에서 어떤 현상이 일어나고, 또 캐리어의 작용은 어떻게 되는지를 살펴보자. pnp형 트랜지스터의 경우 베이스와 컬렉터 사이에는 역방향 전압 V_{cb}가 인가될 때 np 접합에는 전위 장벽이 높아져 베이스와 컬렉터 사이에 전류가 흐르지 않는다. 한편 에미터와 베이스 사이에는 순방향 전압 V_{eb}가 인가되어 있으므로 전위장벽은 낮게 되어 있다. 또 에미터의 p형 쪽은 불순물의 농도가 높으므로 정공(홀)이 다수

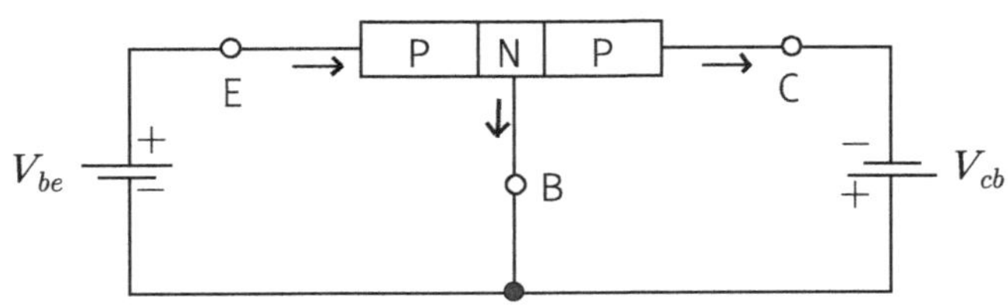

그림 23.3 pnp 트랜지스터의 순방향과 역방향 바이어스

발생되며, 베이스의 n형 쪽은 불순물의 농도는 더 낮게 되므로 전자는 극히 적어진다. 그러므로 에미터 안의 정공은 전위 장벽을 뛰어 넘어 베이스 쪽으로 확산되어 들어가서 그 일부분은 베이스 전자와 결합하여 소멸된다. 이러한 베이스 쪽 소수의 전자는 전원의 음극에서 계속 공급하므로 이것이 미약한 베이스 전류 I_b가 된다.

그리고 베이스의 전자와 결합하지 못한 에미터에서 공급된 정공은 콜렉터 쪽 전압 V_{cb}에 의해 컬렉터 쪽으로 이동한다. 이것이 컬렉터 전류 I_c가 된다. 즉 에미터의 정공은 전원의 양극에서 공급되며, 이것이 콜렉터 쪽으로 확산되어 들어가서 콜렉터전류 I_c가 된다. 따라서 에미터 전류 I_e의 대부분은 컬렉터 전류 I_c가 되고, 베이스 전류 I_b로 되는 것은 극히 적다. 즉 세 전류 사이에는 다음의 관계를 갖는다.

$$\begin{aligned} I_e &= I_b + I_c \\ &\simeq I_c \end{aligned} \tag{23.1}$$

npn형 트랜지스터의 기본적인 동작은 pnp형과 유사하다. 다만 차이점 점은 전원의 극성을 반대로 접속해야 한다. 따라서 pnp형에서는 다수 캐리어가 정공이었으나 npn형에서는 다수 캐리어가 전자이다. 콜렉터와 베이스 사이에 역방향 전압 V_{cb}를 인가하면 이것은 역방향의 전압이므로 pn 접합면은 전위장벽이 높아 전류는 거의 흐르지 않는다. 에미터와 베이스에 순방향 전압 V_{eb}를 인가하면 전위 장벽은 낮아지고, 에미터의 n형 쪽에서는 불순물의 농도가 높기 때문에 전자가 많이 발생된다. 그 외의 전압, 전류 현상은 pnp형과 같은 원리이다.

npn 형과 pnp 형 모두에서 에미터 전류 대부분(95 ~ 99%)이 콜렉터 전류를 형성하게 된다. 즉 두 가지 형을 비교해 보면 npn 트랜지스터는 pnp 트랜지스터와 바이어스 극성을 반대로 인가하여 주면 유사한 동작을 보이게 된다.

3) 트랜지스터의 전기적 특성

트랜지스터를 증폭회로에 사용할 때, 두 개의 입력 단자와 두 개의 출력 단자가 필요하다. 그런데 트랜지스터에는 세 개의 단자만 있다. 따라서 세 개 중 하나의 단자를 공통으로 사용해야 한다. 어떤 단자를 공통으로 사용하느냐에 따라 베이스 접지방식, 에미터 접지방식, 콜렉터 접지방식으로 분류된다. [그림 23.4]는 에미터 접지방식의 예를 보여준다.

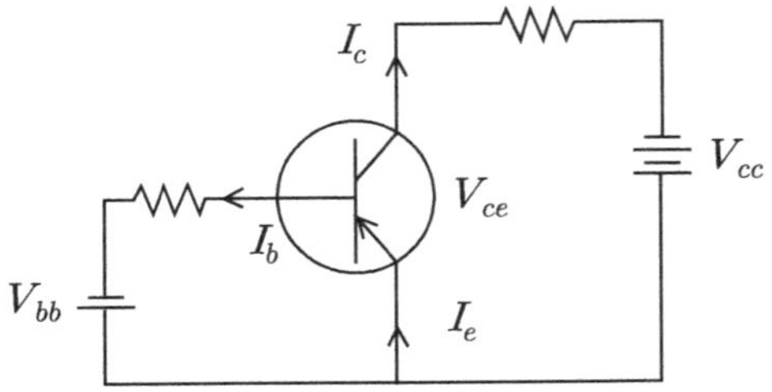

그림 23.4 에미터 접지방식

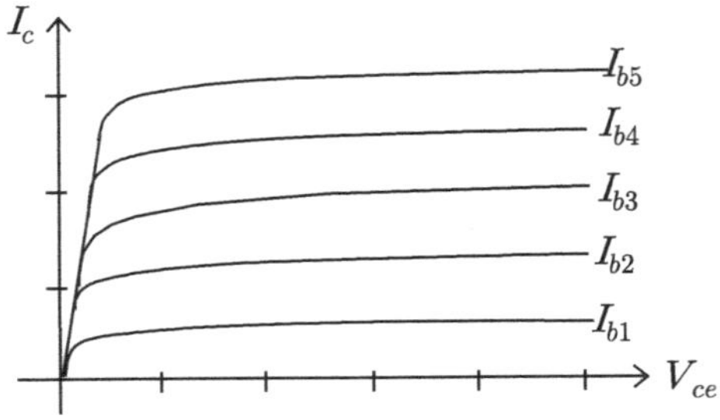

그림 23.5 에미터 접지방식에서의 BJT 출력 특성곡선

트랜지스터의 전압-전류 특성은 입력 특성곡선과 출력 특성곡선으로 나누어지는데, 보통 특성곡선이라 하면 출력특성 곡선을 의미한다. 출력 특성곡선은 출력전류 I_c와 출력전압 V_{ce}의 관계를 말하는데, V_{ce}가 작은 값에서는 V_{ce}값의 증가에 따라 I_c도 증가한다. 그런데 어느 정도 이상의 V_{ce}값이 되면 I_c값의 증가는 아주 둔화된다. 이와 같이 V_{ce}값이 증가되어도 I_c값의 증가가 아주 둔화되는 영역을 포화영역(saturation region)이라 부른다. 이것은 작은 V_{ce}값에서는 이 값의 증가에 따라 콜렉터 쪽으로 옮겨가는 정공의 양이 증가한다. 그러나 일단 에미터에서 넘어오는 캐리어의 대부분이 콜렉터에 모아지게 되면, V_{ce}가 증가해도 콜렉터 쪽으로 모아지는 정공의 양이 많이 증가하지 않는다. 즉 포화영역에서 I_c의 값은 대부분 에미터 영역에서 넘어오는 정공의 숫자에 의존하기 때문에, V_{ce}값의 변화에는 둔하다. 그러나 I_c는 I_b(혹은 V_{be}) 값의 변화에는 달라진다. I_b의 값에 따라 여러 개의 콜렉터 출력 특성곡선을 가지는데, 이 곡선 들이 [그림 23.5]에 보인다. [그림 23.5]에서 $I_{b1} < I_{b2} < \dots < I_{b5}$의 관계를 갖는다.

23.2 실험준비

1) 실험기기 및 부품

- 전원공급기: 2대
- 멀티미터: 1대

- 오실로스코우프: 1대
- 저항(100 Ω 혹은 220 Ω), 가변저항(10 kΩ): 각 1개
- 트랜지스터(npn형): 1개

2) 기타 실험준비

- 없음

23.3 실험방법

1) 트랜지스터 전기적 특성 실험

① $R_1 = 100\ \Omega$ (혹은 220 Ω), R_2는 가변저항으로 350 Ω으로 맞추어 [그림 23.6]의 회로를 구성한다.

② I_b =5 mA가 되도록 V_{be}를 조절한다.

③ V_{ce} =0.1 V로 조절한 후 I_c를 측정하여 [표 23.1]에 기록한다.

④ V_{ce}를 [표 23.1]의 값으로 변화시키면서 I_c를 측정하여 [표 23.1]에 기록한다.

⑤ I_b를 5 mA씩 변화시키면서 ③~④의 과정을 반복한다.

⑥ 실험결과를 토대로 I_b를 파라메터로 하여 트랜지스터 특성곡선을 [그림 23.7]에 그린다.

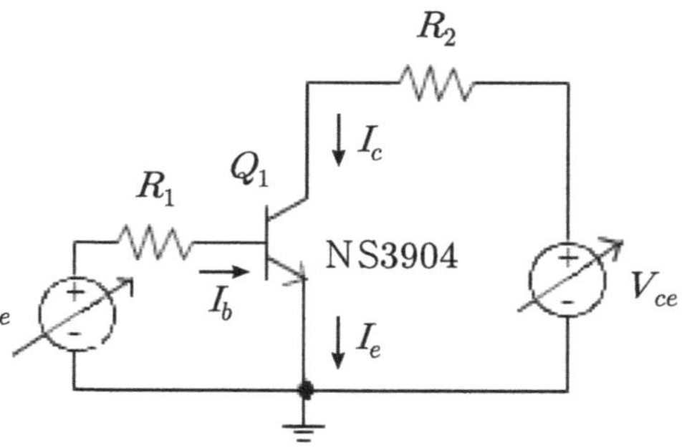

그림 23.6 BJT의 전기적 특성곡선 실험 회로

23.4 실험결과

표 23.1 BJT 특성곡선 실험 결과

$I_b[\mu A]$	I_c												
5	V_{ce}	0.1	0.2	0.3	0.5	0.7	0.9	1	2	4	5	7	9
	I_c												
10	V_{ce}	0.1	0.2	0.3	0.5	0.7	0.9	1	2	4	5	7	9
	I_c												
15	V_{ce}	0.1	0.2	0.3	0.5	0.7	0.9	1	2	4	5	7	9
	I_c												

그림 23.7 BJT 특성곡선 실험 결과(그래프)

23.5 검토

실험결과의 특성곡선이 이론적으로 배운 것과 같은 특성을 보이는지 확인한다. 그렇지 않으면 원인분석을 면밀히 한다.

실험 24. 연산증폭기를 이용한 기초회로

목적

✓ 연산증폭기의 기본 동작원리를 이해한다.
✓ 연산증폭기의 간단한 응용 예를 익힌다.

24.1 관련이론

다이오드나 트랜지스터와 같은 반도체 소자는 하나의 패키지(package)에 하나의 소자가 실장되어 있는데, IC(집적회로)라 불리는 전자 소자는 수개에서 수백만 개의 소자를 실장하고 있다. 즉 IC는 저항, 콘덴서, 다이오드, 트랜지스터 등이 수개에서 수백만 개가 하나의 패키지에 집적되어 있으나 하나의 소자로 취급된다. 연산증폭기(Operational Amplifier: OP AMP)도 IC 형태의 전자소자 중 하나이다.

연산증폭기는 직류와 교류 신호 모두를 증폭할 수 있는 다단 증폭기의 직렬연결(cascade connection) 형태로 접속되어 있다. 연산증폭기는 주로 아날로그 신호의 가감산, 적분, 미분 등의 연산을 수행하는데 많이 사용된다.

연산증폭기의 표준 회로심벌이 [그림 24.1]에 보여진다.

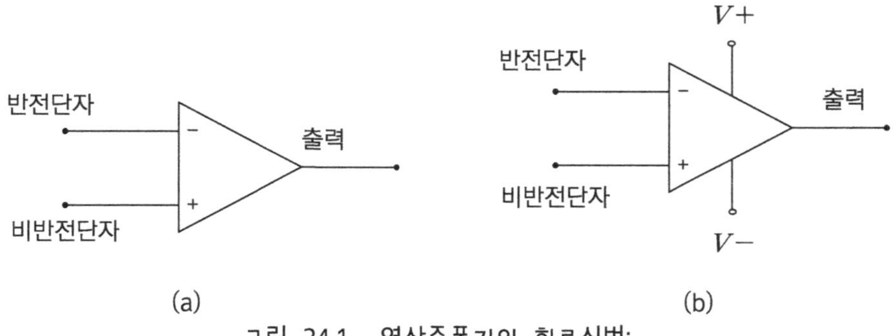

그림 24.1 연산증폭기의 회로심벌:
(a) 표준 회로심벌, (b) 공급전원을 표시한 2전원 연산증폭기 회로심벌

연산증폭기는 반전단자(-)와 비반전단자(-)의 두 입력 단자를 가지고 있다. 전원 접속 방식에 따라 단일전원 방식과 2전원 방식이 있다. 연산증폭기의 표준 회로심벌이 [그림 24.1] (a)에 보여지며, 2전원 방식의 연산증폭기 회로심벌은 [그림 24.1] (b)와 같다. 즉 연산증폭기를 공급전원과 함께 표기하는 심벌이 [그림 24.1] (b)이다. 2전원 방식의 연산증폭기는 두 가지의 전원, 즉 양(+)의 전원과 음(-)의 전원이 요구된다. 단일전원 방식은 음(-)전원을 접지시킴으로써 만들어진다. 단일전원 방식에서 출력은 항상 양(+)의 전압만 나온다.

1) 이상적인 연산증폭기

우리가 실제 사용하고 있는 연산증폭기를 이해하기 위해서는 이상적인 연산증폭기에 대한 개념을 먼저 파악할 필요가 있다. 왜냐하면 이상적인 연산증폭기의 개념이 있어야 실제 연산증폭기를 이해하고 취급하기가 쉽기 때문이다. [그림 24.2]를 참고로 이상적인 연산증폭기에 대해 자세히 살펴보자.

연산증폭기의 두 단자 사이의 전위차라 함은 [그림 24.2]에 보인 것처럼 반전단자(-)와 비반전단자(+) 사이의 전위차를 말한다. 즉 연산증폭기의 입력 v_i는 반전단자와 비반전단자 사이의 전위차를 말하며, 출력이라 함은 접지에 대한 출력단자의 전위차를 말한다. 한편 연산증폭기의 입력임피던스이라 함은 [그림 24.2]와 같이 비반전단자와 반전단자 사이에 나타나는 임피던스를 말하며, 출력임피던스라 함은 출력단자와 접지 사이에 나타나는 임피던스를 말한다. 그리고 전압이득 A는 출력전압 v_o와 입력전압 v_i의 비(ratio), 즉 v_o/v_i로 정의된다. 이상적인 연산증폭기가 갖는 특성은 다음과 같다.

① 입력임피던스: $Z_i = \infty \ \Omega$

② 출력임피던스: $Z_o = 0 \ \Omega$

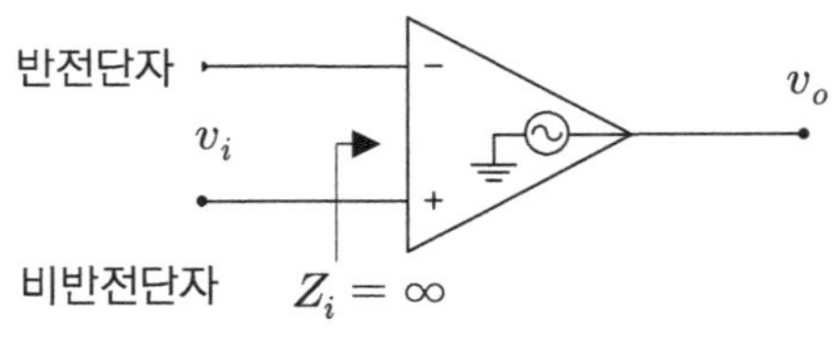

그림 24.2 이상적인 연산증폭기의 등가회로

③ 전압이득: $A = \frac{v_o}{v_i} = \infty$

④ 대역폭: ∞

⑤ 옵셋전압 = 0 V

2) 실제 연산증폭기

실제의 모든 IC 소자는 전압이나 전류의 범위가 제한되어 있다. 연산증폭기 또한 예외가 될 수 없다. 연산증폭기 출력의 첨두치대첨두치(peak-to-peak)전압은 두 공급전원보다 약간 작은 값을 갖는다.

실제의 연산증폭기는 입력임피던스와 출력임피던스도 이상적인 연산증폭기와는 다르며, [그림 24.3]과 같이 모델링된다. 실제 연산증폭기는 유한의 입출력 임피던스를 갖는데, 대개 입력임피던스는 1 MΩ ~ 100 MΩ 정도로 매우 큰 값을 가지며, 출력임피던스는 수 Ω ~ 수십Ω 정도로 매우 작은 값을 갖는다. 전압이득 역시 무한대가 아닌 아주 큰 값을 갖는데, 대개 50,000 ~ 200,000 정도이다. 실제 연산증폭기의 특성은 입력임피던스가 클수록, 출력임피던스가 작을수록, 전압이득이 클수록 좋은 것이다. 다시 말하면 이상적인 연산증폭기에 가까운 특성을 가질수록 좋은 연산증폭기가 된다. 그리고 옵셋 전압도 소자에 따라 0 V가 아닐 수 있다.

연산증폭기는 일반적으로 비교기, 반전증폭기, 비반전증폭기, 전압 폴로워(voltage follower) 등에 이용된다. 반전증폭기와 비반전증폭기는 입력신호의 증폭용으로 이용되며, 비교기는 두 입력단자에 인가되는 신호의 크기를 비교하기 위해 이용되며, 전압폴로워는 일종의 버퍼와 같은 역할을 한다. 이들에 대한 특성을 자세히 살펴보자.

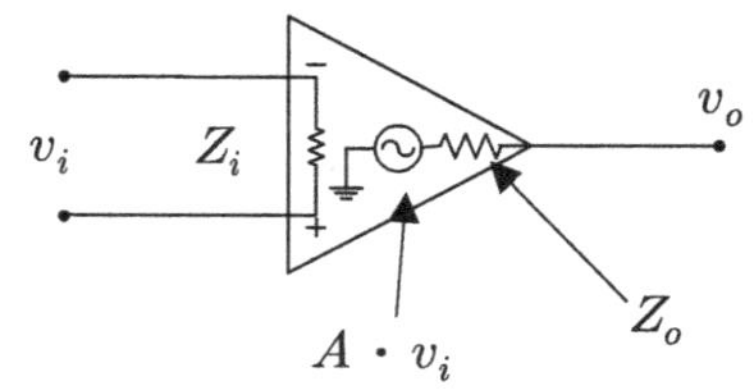

그림 24.3 실제 연산증폭기의 등가회로

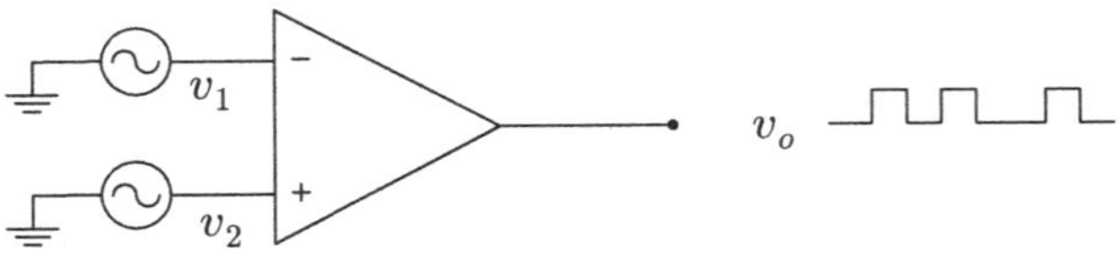

그림 24.4 비교기로 사용된 연산증폭기

3) 비교기

비교기로 사용된 연산증폭기의 구조가 [그림 24.4]에 보인다. [그림 24.4]에서와 같이 반전단자와 비반전단자 사이에 인가되는 전압의 상대적 크기에 따라 출력이 달라진다.

연산증폭기의 전압이득은 매우 크기 때문에 반전단자(-)의 전압 v_1이 비반전단자(+)의 전압 v_2보다 조금만 높아도 출력은 음의 극한값으로 포화되며, 반전단자의 전압이 비반전단자의 전압보다 조금만 낮아도 양의 극한값으로 포화되는 현상이 일어난다. 따라서 출력전압은 양과 음의 극한값으로 포화되는 특징을 갖고 있다. 따라서 단순 연산증폭기는 두 신호를 비교하는 비교기로 사용되어질 수 있다.

4) 반전증폭기

연산증폭기를 사용한 반전증폭기의 기본 구조가 [그림 24.5]에 보이며, 이 회로는 반전단자가 출력 단자와 저항 R_f에 의해 연결되어 있는 구조이다. 이 때 출력 v_o는 저항 R_f를 통해 반전단자로 부궤환이 이루어진다. 이 경우 이상적인 연산증폭기 특성의 개념을 도입하면 회로를 쉽게 해석할 수 있다.

이상적인 연산증폭기에서 무한대의 입력임피던스 개념을 도입하면 [그림 24.5]와 같은 실제 증폭기의 해석을 단순화시키는데 큰 도움이 된다. 증폭기의 무한대 입력 임피던스는 반전단자에 인가된 입력전압에 의한 전류가 모두 궤환회로의 저항 R_f를 통해 흘러간다고 해석할 수 있다. 실제 연산증폭기가 사용된 대부분의 회로에서는 반전단자로 흐르는 전류가 궤환저항을 통해 흐르는 전류에 비해 상당히 작으므로 근사적으로 이러한 개념을 도입할 수가 있다. 이러한 가정은 우리가 회로를 설계할 때 저항 R_f가 단자의 입력임피던스 Z_i에 비해 충분히 작은 값이므로 유효하다.

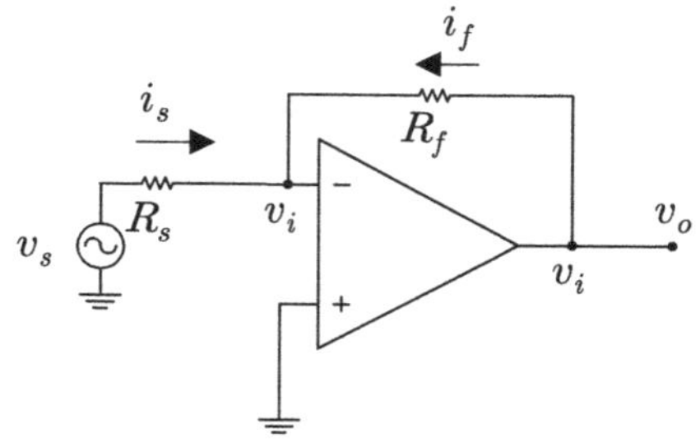

그림 24.5 연산증폭기를 사용한 반전증폭기의 기본구조

이상적인 연산증폭기의 전압이득 A가 무한대의 값을 가진다. 즉 $v_i = v_o/A$의 관계에서 $A_v = \infty$이므로 $v_i \rightarrow 0$이 되어져야 한다. 실제 연산증폭기에서도 전압이득이 매우 크므로 두 단자 사이의 입력 전위차 v_i는 거의 0 볼트가 된다. 그러므로 비반전단자를 접지시키면 반전단자의 전압 또한 근사적으로 0 볼트가 되며, 반전단자 역시 접지와 유사한 역할을 한다. 이러한 이유로 비반전단자의 접지는 반전단자를 접지와 유사한 역할을 하도록 유도한다. 따라서 비반전단자를 가상접지라 정의한다.

반전단자로 유입되는 전류는 0에 가까우므로 저항 R_s를 통해 흐르는 전류는 모두 궤환저항 R_f를 통해 흘러간다. 따라서 전원 v_s에 의해 흐로는 전류 i_s은 궤환전류 $-i_f$가 된다. 즉

$$i_s = \frac{v_s}{R_s} = -i_f \tag{24.1}$$

가 되며, 출력전압 v_o는

$$v_o = i_f \cdot R_f = -i_s R_f = -\frac{R_f}{R_s} v_s \tag{24.2}$$

가 된다. 그러므로 전체 전압이득 A_v는 식 (24.2)에 의해

$$A_v = \frac{v_o}{v_s} = -\frac{R_f}{R_s} \tag{24.3}$$

가 된다.

5) 비반전증폭기

연산증폭기를 사용하는 비반전증폭기의 기본구조가 [그림 24.6]에 보이며, 이는 입력신호가 비반전단자에 인가되며 출력이 반전증폭기처럼 반전단자로 궤환되는 구조이다.

궤환전류 i_f를 고려할 때 반전단자에 연결된 저항 R_1에 나타나는 전압 v_{R_1}은 $i_f R_1$이다. 따라서 $i_1 = -i_f$이므로, 저항 R_1에 나타나는 전압 v_{R_1}은 다음과 같다.

$$v_{R_1} = -i_1 R_1 = i_f R_1 \tag{24.4}$$

그리고 가상접지 현상에 의해 $v_{R_1} = v_s$이므로, 식 (24.4)로 부터 $i_f = v_s / R_1$을 얻을 수 있다. 따라서 이 i_f값을 이용하여 출력전압 v_o를 계산하면 다음과 같다.

$$v_o = i_f (R_1 + R_f) = \frac{R_1 + R_f}{R_1} v_s \tag{24.5}$$

따라서 식 (24.5)에 의해 전체 전압이득 A_v는 다음과 같다.

$$A_v = \frac{v_o}{v_s} = 1 + \frac{R_f}{R_1} \tag{24.6}$$

만약 $R_f \gg R_1$이면 $A_v \cong R_f / R_1$이 된다.

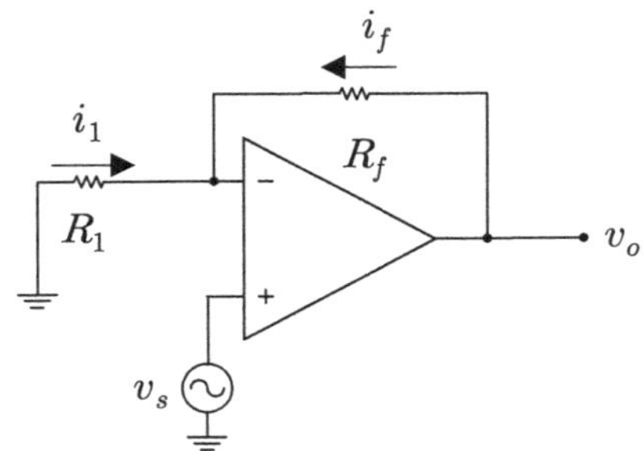

그림 24.6 연산증폭기를 사용한 비반전증폭기의 기본 구조

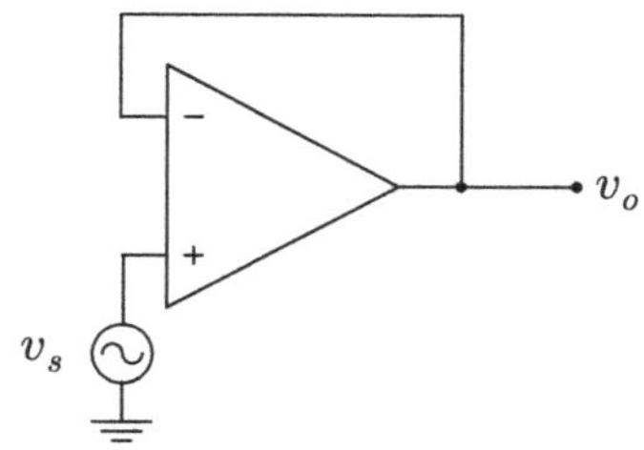

그림 24.7 연산증폭기를 사용하는 전압폴로워의 기본 구조

6) 전압폴로워

연산증폭기를 사용한 전압폴로워(Voltage follower)의 기본구조가 [그림 24.7]에 보인다.

전압폴로워는 [그림 24.7]에 보여진 바와 같이 반전단자와 출력을 직접 도선으로 연결한 구조이므로 반전단자의 전압과 출력전압은 같다. 즉 비반전단자와 반전단자의 전압은 가상접지의 원리에 의해 같은 전위를 유지한다. 그러므로 인가전압 v_s와 출력전압 v_o는 같다. 따라서 이 구조는 연산증폭기의 출력임피던스가 0 Ω이고 출력전압 v_o가 입력전압 v_s와 같은 전압을 유지함으로, 그 다음에 연결되는 회로에 대해 일종의 버퍼역할을 하게 된다.

24.2 실험준비

1) 실험기기 및 부품

- 저항: 1 ㏀ 2개, 10 ㏀ 가변저항 2개
- 연산증폭기: 4개
- 브레드보드: 1대
- 전원공급기: 1대
- 함수발생기: 1대
- 오실로스코프: 1대
- 멀티미터: 1대

2) 기타 실험준비

- [표 24.1]에서 이론값을 식 (24.3)을 이용하여 구한다.
- [표 24.2]에서 이론값을 식 (24.6)을 이용하여 구한다.

24.3 실험방법

1) 비교기 실험

① 비반전단자를 접지시키고 반전단자에 진폭이 5 V이며 주파수가 10 ㎑인 정현파를 함수 발생기를 사용하여 인가한다.

② 오실로스코프 채널을 Dual로 하여 입력전압을 CH1 채널에, 출력전압을 CH2에 연결하여 파형을 관찰한 후 각각의 파형을 [그림 24.8]의 (a)와 (b)에 그린다.

③ 입력이 양(+)의 반주기 동안 일정한 음전압을, 음(-)의 반주기 동안 일정한 양의 전압을 유지하는지 관찰한다.

2) 반전증폭기 실험

① $R_s = 1$ kΩ, R_f를 10 kΩ의 가변저항기를 사용하여 [그림 24.5]의 회로를 구성한다. 이때 v_s를 직류전원으로 대체하고 전압을 1V로 하며, 초기 R_f를 1 kΩ로 조정한다.

② 오실로스코프를 사용하여 출력전압 v_o를 측정하여 [표 24.1]에 기록한다.

③ R_f를 [표 24.1]에 표기된 값으로 변화시키면서 ②의 과정을 반복한다.

④ 이론값와 실험값를 비교한다. 단 이론값은 식 (24.3)을 이용하라.

3) 비반전증폭기 실험

① $R_s = 1$ kΩ, R_f를 10 kΩ의 가변저항기를 사용하여 [그림 24.6]의 회로를 구성한다. 이

때 v_s를 직류전원으로 대체하고 전압을 1V로 하며, 초기 R_f를 1 kΩ로 조정한다.

② 오실로스코프를 사용하여 출력전압 v_o를 측정하여 [표 24.2]에 기록한다.

③ R_f를 [표 24.2]에 표기된 값으로 변화시키면서 ②의 과정을 반복한다.

④ 이론치와 실험치를 비교한다. 단, 이론값은 식 (24.6)을 이용한다.

4) 전압폴로워 실험

① [그림 24.7]의 회로를 구성한다. 이 때 v_s를 직류전원으로 대체하고, 초기 전압을 1 V로 인가한다.

② 오실로스코프를 Dual로 놓고, CH1을 입력신호에 연결하고, CH2를 출력단자에 연결하여 파형을 측정한 후 [표 24.3]에 기록한다.

③ v_s를 [표 24.3]에 표기된 직류 값으로 변화시키면서 ②의 과정을 반복한다.

④ 측정된 출력이 입력과 같은 값을 갖는지 확인한다.

⌘ 위의 4가지 실험에서 연산증폭기의 옵셋 조정이 필요한 경우 실험 전에 이행하여야 한다.

24.4 실험결과

(a) 입력 파형

(b) 출력 파형

그림 24.8 비교기의 실험결과

표 24.1 반전증폭기의 실험결과

R_f [kΩ]	출력전압 [V]	
	이론값	실험값
1		
2		
4.7		

표 24.2 비반전증폭기의 실험결과

R_f [kΩ]	출력전압 [V]	
	이론값	실험값
1		
2		
4.7		

표 24.3 전압폴로워의 실험결과

v_s [V]	입력전압 [V]	출력전압 [V]
0		
1		
2		
3		
4		
5		

24.5 검토

이론치(혹은 예상치)와 실험치를 비교하고 검토한다. 이론치와 실험치가 다른 경우가 일어나면 원인분석을 한다.

실험 25. 디지털 펄스파형 및 파형 발생회로

목적

- ✓ 디지털 펄스파형의 개념과 듀티사이클 의미를 이해한다.
- ✓ 디지털 파형을 발생시키는 간단한 회로를 학습한다.

25.1 관련이론

펄스 파형은 지속 시간이 짧고 주기가 일정하게 반복되는 전류나 전압을 펄스 파형(Pulse wave)이라 한다. 펄스파형에는 직사각형파, 삼각파, 톱니파, 반정현파, 가우스파 등이 있으나, 이진 디지털회로에서는 일반적으로 펄스파형이라 함은 사각형 파형(Rectangular Wave)을 말한다.

일반적으로 디지털펄스파형은 [그림 25.1]과 같이 시간 간격에 따라 주기적으로 동일한 형태로 나타나는 전류나 전압을 나타낸 사각형 펄스파형으로 High 부분과 Low 부분으로 구성되어 있다. [그림 25.1]에서 가로축은 시각을, 세로축은 펄스의 높이를 말한다. A를 양의 상수라 가정할 때, 펄스파형 [High, Low]의 구성은 사용되는 시스템에 따라 [+A, 0], [0, -A], [+A, -A] 중 한 가지 형태로 취해진다.

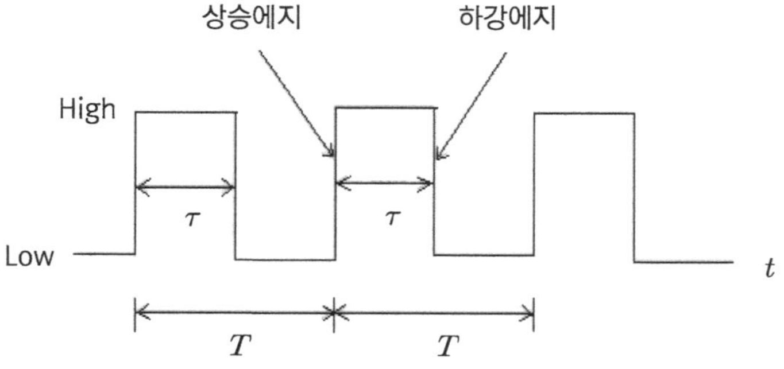

그림 25.1 이상적인 이진 디지털 펄스파형

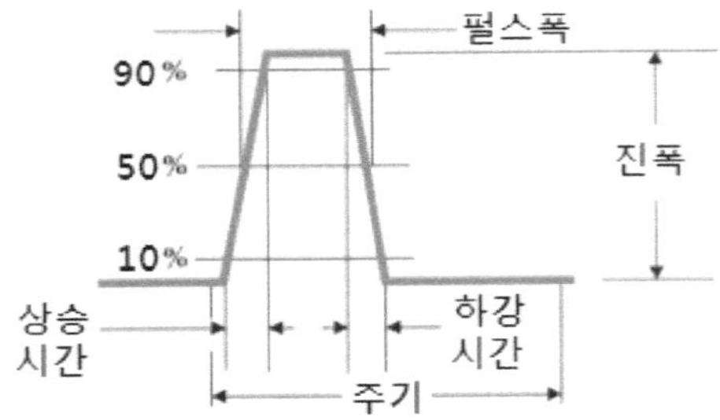

그림 25.2 실제와 유사한 디지털 펄스파형의 모양

이상적인 펄스는 최고치를 High, 최저치를 Low, Low에서 High로 천이하는 순간을 상승에지, High에서 Low로 천이하는 순간을 하강에지라 한다.

전기전자 회로에서는 얼마간의 리액턴스가 존재하기 때문에 이상적인 펄스 파형과는 달리 시간 축에 대해 수직 성분을 갖는 이상적인 직사각형 모양의 펄스 파형을 만들지 못하고 [그림 25.2]와 유사한 형태로 만들어 사용한다.

실제 펄스파형은 진폭, 주기, 상승시간, 하강시간, 듀티사이클에 의해 형태가 결정된다. [그림 25.2]를 참고로 설명하면 진폭은 펄스의 High(최고값)와 Low(최저값)의 차이를, 주기는 시간축에서 High의 시작에서 Low의 끝을 이루는 한 사이클로 정의된다. 그리고 상승시간(t_r)과 하강시간(t_f)은 다음과 같이 정의되기도 한다.

$$t_r = \text{진폭의 90\%가 되는 시각}|_{\text{상승기점}} - \text{진폭의 10\%가 되는 시각}|_{\text{상승기점}} \quad (25.1)$$

$$t_f = \text{진폭의 10\%가 되는 시각}|_{\text{하강기점}} - \text{진폭의 90\%가 되는 시각}|_{\text{하강기점}} \quad (25.2)$$

그리고 펄스폭(τ)은 다음과 같이 정의되기도 한다.

$$\tau = \text{진폭의 50\%가 되는 시각}|_{\text{하강기점}} - \text{진폭의 50\%가 되는 시각}|_{\text{상승기점}} \quad (25.3)$$

디지털회로에서 논리 부호 혹은 함수를 취급할 때는 대부분 이상적인 펄스파형을 다룬다. 왜냐하면 논리회로에서는 신호 상태가 High이냐 Low이냐가 중요하기 때문이다. 지금부터는 이상적인 펄스 파형에 대해 살펴보기로 한다.

1) 이상적인 펄스에서 주기, 주파수, 듀티 사이클

주파수란 단위 시간 내에 몇 개의 주기가 반복되는지를 나타내는 수를 말하며, 주기의 역수와 같다. 1초당 1회 반복하는 것을 1 Hz라 하며, 주파수는 1 cycle/s와 같다. 즉 주기 T와 주파수 f는 다음과 같은 관계가 성립한다.

$$f = \frac{1}{T} \quad \text{Hz} \tag{25.4}$$

예를 들어 100 Hz는 진동이나 주기적 현상이 1초에 100회 반복되는 것을 의미한다. 기호는 v 또는 f, 단위는 헤르츠(hertz: Hz)이다.

주기적인 펄스파형의 주요한 특징은 듀티사이클(duty cycle)이다. [그림 25.1]을 참고로 살펴보면, 듀티사이클은 다음과 같이 정의된다.

$$\text{듀티사이클} = \frac{\tau}{T} \times 100\,\% \tag{25.5}$$

즉 듀티사이클은 주기 T에 대한 펄스 폭 τ의 비를 백분율로 나타낸 것으로 정의한다.

2) 디지털 펄스파형 발생회로

디지털 펄스파형을 발생시키는 간단한 회로로의 예를 살펴보면 연산증폭기를 사용한 슈미트트리거회로가 있는데, [그림 25.3]에 보인다.

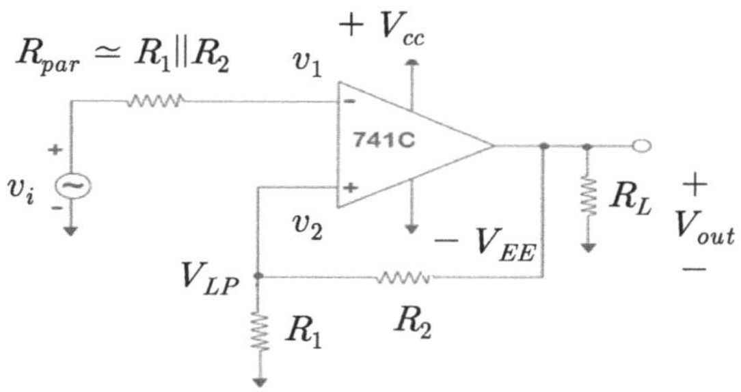

그림 25.3 이진 디지털 펄스파형 발생기(원 그림 출처: 참고문헌[28])

[그림 25.3]의 회로는 양의 궤환회로(positive feedback)를 갖는 슈미트트리거 회로로 이진 디지털 펄스파형을 발생시킨다. 여기에서는 이론적으로 자세히 다루지 않고 간략한 설명만 하고자 한다. 주어진 회로를 통해 디지털 파형이 발생되고 이를 통해 이 디지털 파형의 주기와 주파수, 그리고 듀티사이클의 개념을 알아보자.

위의 슈미트트리거회로는 규칙적 혹은 불규칙적인 입력파형을 사각형 펄스 형태의 신호로 바꾸어 주는 회로이다. [그림 25.3]에서 저항 R_{par}의 값은 대략 R_1과 R_2의 병렬 연결에 해당하는 값으로 택한다. 이 저항은 연산증폭기의 offset 문제를 최소화하기 위해 사용된다. 입력 v_i가 어떤 상한 임계전압 V_{up}나 하한 임계전압 V_{Lo}보다 높거나 낮으면 출력의 상태를 트리거(혹은 변화)시킨다. 입력 v_i에 따른 출력 V_{out}의 관계가 [그림 25.4]에 보인다.

[그림 25.4]에서 $+V_{sat}$와 $-V_{sat}$는 각각 연산증폭기가 갖는 양과 음의 출력 포화전압을 나타낸다. 즉 입력 v_i가 임계전압 V_{up}보다 약간만 더 커지면 출력 V_{out}은 $+V_{sat}$에서 $-V_{sat}$로 트리거 된다. 그리고 입력 v_i가 하한 임계전압 V_{Lo}보나 낮아지면 출력의 상태는 $-V_{sat}$에서 $+V_{sat}$ 트리거된다.

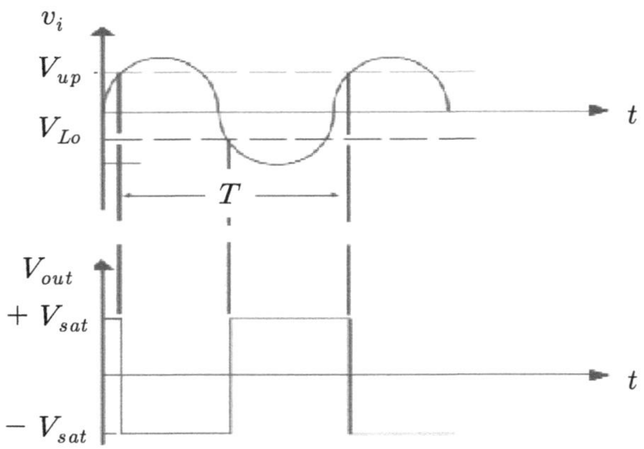

그림 25.4 [그림 25.3]의 회로에서 입력 v_i에 따른 출력 V_{out}

25.2 실험준비

1) 실험기기 및 부품

- 저항(1 $k\Omega$, 30 $k\Omega$) : 각각 2개
- 가변저항(10 $k\Omega$) : 1개
- 연산증폭기(741C) : 1개
- 신호발생기 : 1대
- 오실로스코프 : 1대

2) 기타 실험준비

- 없음.

25.3 실험방법

① $R_1 = 1\ k\Omega$, $R_2 = 30\ k\Omega$, $R_{par} = 10\ k\Omega$ 가변저항, $R_L \simeq \infty$(혹은 아주 큰 저항 값), 741C연산증폭기, 신호발생기를 사용하여 [그림 25.3]의 회로를 구성한다. 여기서 $R_L \simeq \infty$라는 것은 출력을 개방한 상태를 의미한다.

② 오실로스코프의 CH1 단자는 입력신호 v_i에 연결하고, CH2 단자는 출력단에 연결한다.

③ 가변저항을 이용하여 연산증폭기의 offset이 0볼트가 되도록 저항 R_{par}을 조정한다. Offset 조정시에는 입력전압을 0볼트로 하여 출력이 0볼트가 나오도록 R_{par} 값을 조정하여야 한다.

④ R_{par} 값이 고정되면 신호발생기로 적절한 주파수의 교류신호를 인가한 후 오실로스코프로 파형을 관찰하여 입력파형과 출력파형 각각을 [그림 25.5]의 (a)와 (b)에 도시한다.

⑤ 출력 파형이 [그림 25.4]와 유사한 펄스파형이 나오는지를 비교한다.

25.4 실험결과

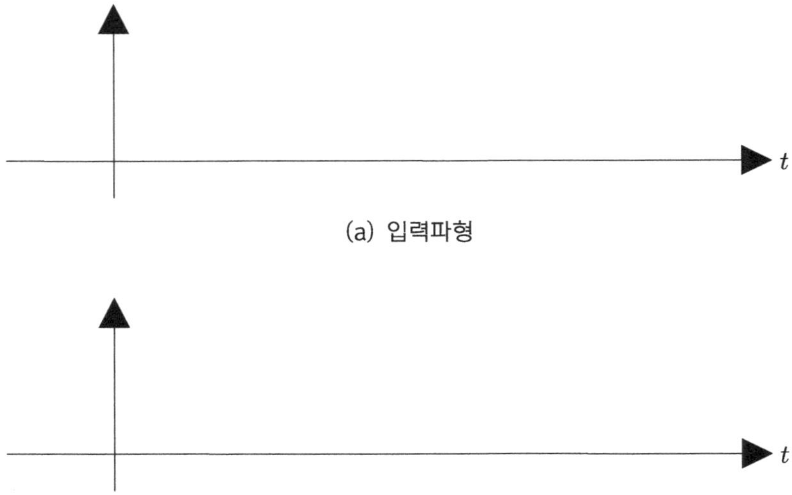

(a) 입력파형

(b) 출력파형

그림 25.5 이진 디지털 펄스파형 발생회로 실험결과의 파형

25.5 검토

이진 펄스파형이 주기적으로 출력되는지를 관찰한다.

내용

부록

부록 A. 실험관련 유의사항

A.1 실험 전후 유의사항

- 실험을 수행하기 전에 손이나 기타 기기와 접촉하는 신체부위에 물기가 없도록 한다.
- '정전기 주의' 표시가 있는 기기는 반드시 정전기 보호 장치를 하거나 그에 상응하는 지시를 따른다.
- 실험 전에 실험장비의 전원이 OFF된 상태에 있는지를 확인한다. 만약 그렇지 않는 경우에는 조교의 지시에 따라 기기를 OFF상태로 초기화한다.
- 실험을 위해 전원스위치를 ON시키기 전에 구성된 회로나 시스템의 단자에 전원 극성이 정확히 연결되었는지 확인한다.
- 모든 실험 기기 혹은 회로는 전원이 OFF된 상태를 기점으로 출발하며, 회로 결선에 이상이 없는지 확인을 한 후 전원을 ON시킨다.
- 실험이 끝난 후 특별한 지시가 없는 한 모든 장비를 절차에 따라 전원을 OFF시키고, 정돈을 한다.
- 실험이 끝난 후 실험 전과 같이 실험 테이블을 깨끗이 정돈한다.

A.2 실험 수행 중 유의사항

- 회로 구성이나 변경을 하는 경우에는 특별한 지시가 없는 한 전원을 차단한 후 시행한다.
- 감전의 피해를 받지 않도록 주의한다.
- 전원을 차단한 후에도 콘덴서와 같은 곳에는 전하가 있을 수 있으니 항상 조심을 하여야 한다.
- 실험 기자재에 손상이 갈 수 있는 정전기 현상이 일어나지 않도록 항상 주의한다.

부록 B. 실험용 공구 및 연결소자

B.1 실험용 공구

니퍼

- 소형 볼트-너트를 조임, 풀기, 고정
- 코드선, 비닐전선의 피복을 벗김

롱노우즈

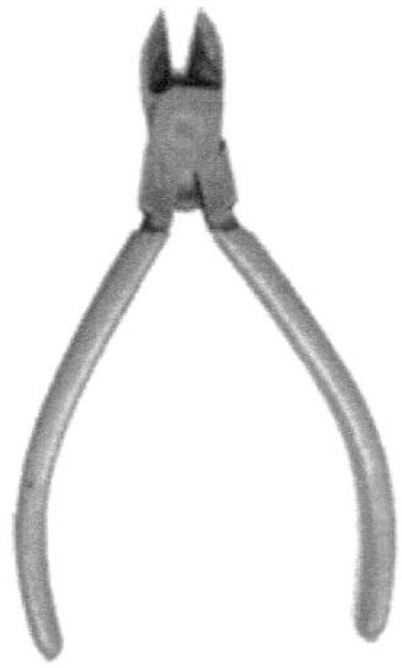

- 부품의 리드선과 전선의 절단
- 코드선, 비닐 전선의 피복을 벗김

펜치

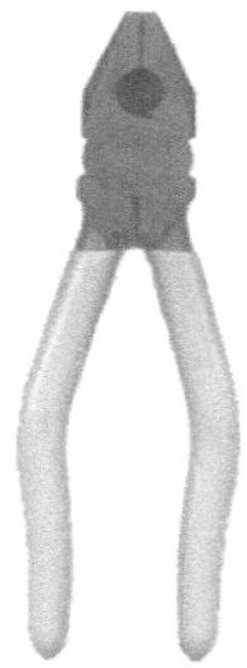

- 굵은 전선의 절단, 구부림
- 중소형 너트의 조임, 고정, 풀기

와이어 스트리퍼

- 코드 또는 비닐 전선의 피복 벗김

일자/십자 드라이브

- 볼트-너트의 조임과 풀기

핀셋

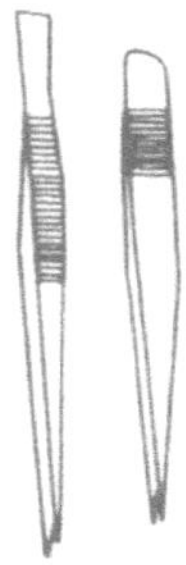

- 작은 부품의 집기
- 리드선 혹은 부품 다리 고정

납땜인두

- 납땜

납 흡입기

- 납 제거

B.2 전원 연결기기

콘센트

• 220V 전원을 기기와 연결시키는데 사용

전원연결코드

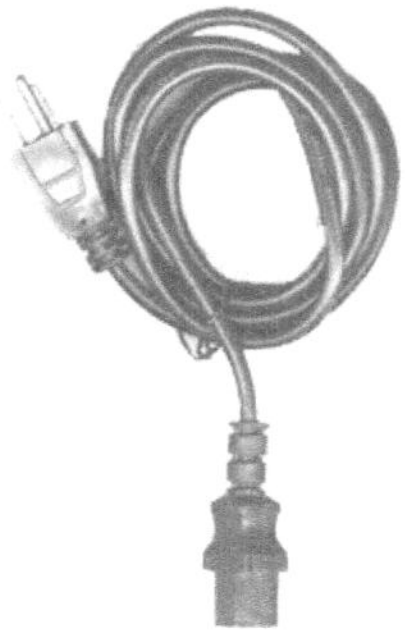

• 220 V 전원을 기기와 연결시키는데 사용

아답터

• 전원을 기기와 연결시키는데 사용

부록 C. 회로소자의 전자 심벌

✓ 여기에서는 실험에 자주 사용되는 전기, 전자 회로의 기본 소자들을 전자 심벌로 나타내었으며, 이 표기법을 따르면 편리하다. 따라서 실험 수행자에게 이러한 표기법을 사용하도록 권장하고자 한다.

C.1 접지

지구(안전)접지

공통접지(신호접지)

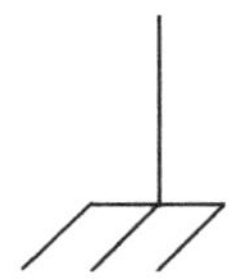

C.2 전원과 전지

전지

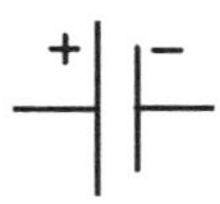

직류전압원

교류전압원

C.3 도선과 안전관련 기기

도선

도선의 교차점

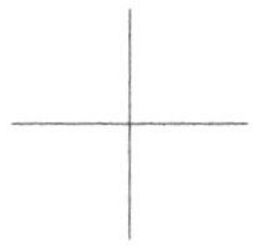

도선의 접속

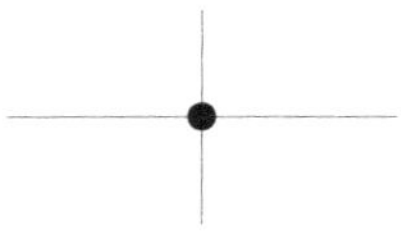

개폐기(스위치)

로터리스위치

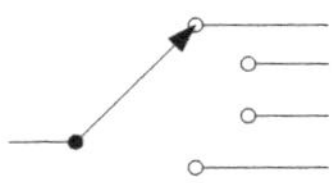

안전기(퓨즈)

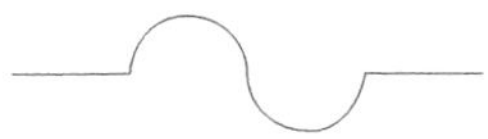

C.4 기본 수동회로 소자

고정저항

가변저항

반고정저항

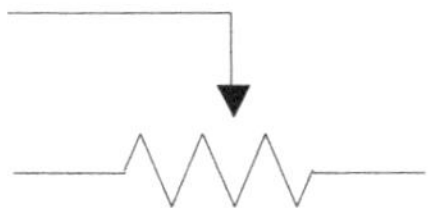

전해콘덴서

고정콘덴서

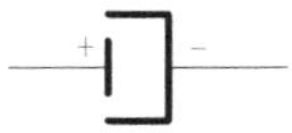

세라믹콘덴서

가변콘덴서

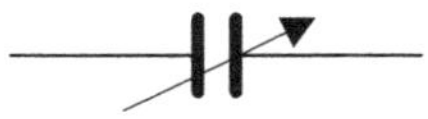

코일(고주파초크, 저주파초크)

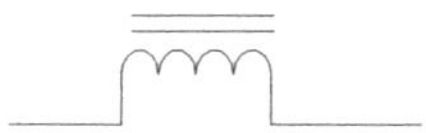

가변코일

상호유도코일

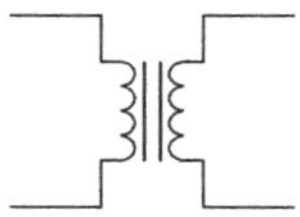

C.5 다이오드

검파, 정류 용 다이오드

제너다이오드

터널다이오드

발광다이오드

부록 D. 그리스어 알파벳

그리스어 알파벳 및 일반적 용도			
이름	대문자	소문자	일반적 용도
Alpha	A	α	Angles, area, coefficients
Beta	B	β	coefficients
Gamma	Γ	γ	Conductivity, specific gravity
Delta	Δ	δ	Variation, density
Epsilon	E	ε	Base of natural logarithms, permitivity
Zeta	Z	ζ	Impedance, coefficients, coordinates
Eta	H	η	Coefficients, intrinsic impendance
Theta	Θ	θ	Phase angle, temperature
Iota	I	ι	
Kappa	K	κ	Dielectric constant, susceptibility
Lambda	Λ	λ	Wavelength
Mu	M	μ	Micro, amplification factor, permeability, reluctivity
Nu	N	ν	Volume, velocity, vibration number
Xi	Ξ	ξ	
Omicron	O	o	
Pi	Π	π	Ratio of circumference to diameter = 3.14
Rho	P	ρ	Density, resistivity
Sigma	Σ	σ	Conducitivity, sign of summation
Tau	T	τ	Time constant, time phase displacement
Upsilon	Υ	υ	low case: velocity
Phi	Φ	φ	Magnetic flux, angles
Chi	X	χ	Suceptibility
Psi	Ψ	ψ	Dielectic flux, phase difference
Omega	Ω	ω	Capital: ohms; lowercase: angular velocity

부록 E. SI 단위계에서 사용하는 표준 접두어

접두어	약어	의미
atto-	a-	10^{-18}
femto-	f-	10^{-15}
pico-	p-	10^{-12}
nano-	n-	10^{-9}
micro-	μ-	10^{-6}
milli-	m-	10^{-3}
centi-	c-	10^{-2}
deci-	d-	10^{-1}

접두어	약어	의미
deka-	da-	10^{1}
hecto-	h-	10^{2}
kilo-	k-	10^{3}
mega-	M-	10^{6}
giga-	G-	10^{9}
tera-	T-	10^{12}
peta-	P-	10^{15}
exa-	E-	10^{18}

부록 F. MKS 단위계에서 다른 단위계로의 변환

(여기서 $c = 2.99792458 \times 10^8$을 사용한다)

양	1mks 단위	Gaussian 단위	기타 단위
d(길이)	1m	10^2cm	39.37 in
F(힘)	1N	10^5dyne	0.2248 1bf
W(일)	1J	erg	0.7376 ft-1bf
Q(전하)	1C	10c statC	0.1 abC
ρ_v(전하밀도)	1C/㎥	10-5 c statC/㎤	10^{-7}abC/㎤
D(전속밀도)	1C/㎡	$4\pi 10^{-3}$c(esu)	$4\pi 10^{-5}$(emu)
E(전계)	1V/m	10^{-4}/c statV/cm	10^6abV/cm
V(전압)	1V	10^6c statV	10^8abV
I(전류)	1A	0.1 abA	10c statA
H(자계)	1A/m	$4\pi 10^{-3}$oersted	0.4πc (esu)
V_m(기자력)	1A·t	0.4π gilbert	40πc (esu)
B(자속밀도)	1T	10^4gauss	100/c (esu)
Φ(자속)	1Wb	10^8maxwell	10^6/c (esu)
A(단위길이당 자속)	1Wb/m	10^6maxwell/cm	
R(저항)	1Ω	10^9abΩ	$10^5/c^2$statΩ
L(코일)	1H	10^9abH	$10^5/c^2$statH
C(콘덴서)	1F	$10^{-5}c^2$statF	10^{-9}abF
σ(전기전도도)	1S/m	10^{-11}abaS/cm	$10^{-7}c^2$statS/cm
μ(투자율)	1H/m	$10^7/4\pi$(emu)	$10^3/4\pi c^2$(esu)
ε(유전율)	1F/m	$4\pi 10^{-7}c^2$(esu)	$4\pi 10^{-11}$(emu)

부록 G. 대표적 물질의 전기전도도

대표적 물질의 전기전도도 σ

물질	σ
Silver	6.17×10^7
Copper	5.80×10^7
Gold	4.10×10^7
Aluminum	3.82×10^7
Tungsten	1.82×10^7
Zinc	1.67×10^7
Brass	1.5×10^7
Nickel	1.45×10^7
Iron	1.03×10^7
Phosphor bronze	1×10^7
Solder	0.7×10^7
Carbon steel	0.6×10^7
German silver	0.3×10^7
Manganin	0.227×10^7
Constantan	0.226×10^7
Stainless steel	0.11×10^7
Nichrome	0.1×10^7

대표적 물질의 전기전도도 σ

물질	σ
Graphite	7×10^4
Ferrite(typical)	100
Water(sea)	5
Limestone	10^{-2}
Silicon	1.56×10^{-3}
Clay	5×10^{-3}
Water(fresh)	10^{-3}
Water(distilled)	10^{-4}
Soil (sandy)	10^{-5}
Granite	10^{-6}
Marble	10^{-8}
Bakelite	10^{-9}
Porcelain (dry process)	10^{-10}
Diamond	2×10^{-13}
Polystyrene	10^{-16}
Quartz	10^{-17}
PET	10^{-21}

부록 H. 대표적 물질의 비유전율

물질	비유전율
Air	1.0005
Alcohol, ethyl	25
Aluminum oxide	8.8
Amber	2.7
Bakelite	4.74
Barium titanate	1.200
Carbon dioxide	1.001
Ferrite (NiZn)	12.4
Germanium	16
Glass	4-7
Ice	4.2
Mica	5.4
Neoprene	6.6
Nylon	3.5
Paper	3
Plexiglas	3.45
Polyethylene	2.26
Polypropylene	2.25
Polystyrene	2.56
Porcelain (dry process)	6
Pyranol	4.4
Pyrex glass	4
Quartz (fused)	3.8
Rubber	2.5-3
Silica or SiO_2(fused)	3.8
Silicon	11.8
Snow	3.3
Sodium chloride	5.9
Soil (dry)	2.8
Steatite	5.8
styrofoam	1.03
Teflon	2.1
Titanium dioxide	100
water(distilled)	80
Wood(dry)	2 - 6

부록 I. 연결방식에 따른 접지의 종류

접지는 두 가지의 관점에서 전기, 전자 회로설계를 설계하는데 매우 중요하다. 첫 번째 관점은 전기, 전자회로를 다루는데 전기를 사용하므로 안전을 고려하는 측면이다. 이는 다루는 사람에 대한 안전과 회로의 안전을 포함한다. 두 번째 관점은 접지를 신호에 섞이는 잡음의 관점에서 고려하는 측면으로, 접지를 어떤 방식으로 하느냐에 따라 회로의 전기적 특성이 많이 달라진다.

접지는 연결되는 지점의 수에 따라 단일점 접지방식, 다중점 접지방식, 복합 접지방식으로 구별되는데, 본 부록에서는 이 들 방식에 대해 자세히 살펴보기로 한다.

I.1 단일점 접지방식

회로의 종류에 관계없이 가장 바람직하지 못한 회로는 직렬연결 형태의 단일점(single point) 접지방식이다. 즉 단일점 접지방식에 대한 등가회로를 그리면 [그림 I.1]과 같다.

이 등가회로에서 점 ①, ②, ③에서 접지까지는 도선으로 연결되어 있다고 가정하며, 실제 회로에서는 도선에도 일반적으로 저주파인 경우 작은 양으로 무시할 수 있지만 코일 성분의 임피던스가 존재한다. 그런데 코일의 경우 주파수 의존성이 강하기 때문에 교류 신호를 취급할 때는 무시할 수 없는 경우도 생긴다.

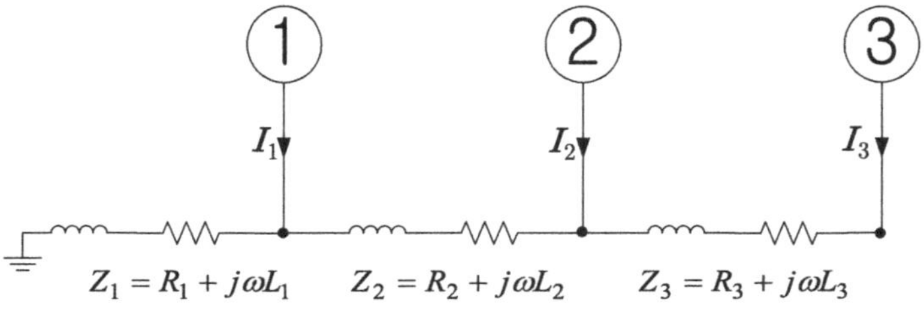

그림 I.1 직렬연결 형태의 단일점 접지방식에 대한 등가회로

해석의 편의성을 위해 접지점과 점 ①사이의 임피던스를 Z_1, 점 ②와 점 ①사이의 임피던스를 Z_2, 점 ③과 점 ②사이의 임피던스를 Z_3라 하자. 그리고 회로의 ③지점에서 접지로 흐르는 전류를 I_3, 회로의 ②지점에서 접지로 흐르는 전류를 I_2, 회로의 ①지점에서 접지로 흐르는 전류를 I_1이라 하자. 이 때 ①, ②, ③ 세 점의 전위는 각각 V_1, V_2, V_3라 할 때 이들은 다음과 같다.

$$V_1 = (I_1 + I_2 + I_3)Z_1 \tag{I.1}$$

$$V_2 = (I_1 + I_2 + I_3)Z_1 + (I_2 + I_3)Z_2 \tag{I.2}$$

$$V_3 = (I_1 + I_2 + I_3)Z_1 + (I_2 + I_3)Z_2 + I_3 Z_3 \tag{I.3}$$

따라서 세 점 ①, ②, ③에서 전압은 Z_1, Z_2, Z_3 값에 따라 달라지며, 세 지점에서 모두 접지를 시켰지만 0 V가 안될 수도 있다. 그러므로 단일점 접지방식은 회로의 설계가 간단하고 편리한 방법이기는 하지만 많은 회로에서는 추천할 만한 방법은 아니다.

I.2 다중점 접지방식

고주파를 사용하는 회로나 디지털회로에서는 임의의 한 부분과 접지 사이의 임피던스를 최소화하기 위해서 다중점(mult-point) 접지방식이 자주 사용된다. [그림 I.2]는 회로의 세 부분을 병렬 형식으로 접지에 연결시킨 다중점 접지방식의 등가회로를 보여준다.

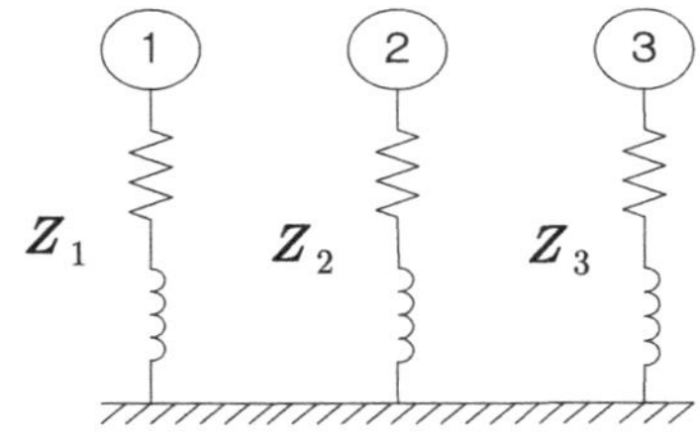

그림 I.2 다중 점 접지방식의 등가회로

임의의 회로에서 점 ①, ②, ③과 접지 사이의 임피던스 관계를 등가회로로 나타낸 것이 [그림 I.2]이다. 회로 상에서 ①, ②, ③의 각 점과 접지 사이의 임피던스를 각각 Z_1, Z_2, Z_3라 하면 이들 각각의 점은 저항과 인덕터의 직렬형태로 등가화될 수 있다. 그러므로 실제 회로를 설계할 때는 임피던스 Z_1, Z_2, Z_3를 최소화하는 방향으로 설계되어져야 한다. 주파수가 높을수록 Z_1, Z_2, Z_3의 인덕턴스 L_1, L_2, L_3에 의한 영향은 더욱 커지게 되어 접지 역할에 문제가 생길 소지가 많다. 따라서 높은 주파수를 취급하는 회로에서는 접지선의 길이를 최소화시키는 방향으로 설계되어져야 한다.

[그림 I.1]의 단일점 접지방식에서는 점 ①, ②, ③이 실제로 접지역할을 하는데, 주파수가 높은 경우 세 점의 전위가 많이 차이가 날 수 있다. 반면에 [그림 I.2]의 다중점 접지방식에서는 실제 접지 역할을 하는 점 ①, ②, ③의 전위 차이가 단일점 방식에 비해 상대적으로 많이 일어나지 않는다.

디지털신호는 자체적으로 높은 주파수 성분이 포함되어 있기 때문에, 디지털신호를 취급하는 로직회로는 고주파회로로 취급되어진다. 그러므로 많은 디지털 로직이 포함된 회로일수록 임피던스가 낮은 접지를 설계할 필요가 있다. 이러한 회로에서 접지는 낮은 임피던스의 면(plane)형태나 그리드(grid) 형태의 접지로 설계하는 것이 바람직하다.

I.3 복합 접지방식

단일점 접지방식과 다중점 접지방식을 복합적으로 사용하는 것이 복합(hybrid) 접지방식이다. 이 방식은 사용 주파수에 따라 달리 설계되어져야 한다.

일반적으로 케이블의 차폐는 저주파 부분에서는 단일점 접지형식을 취하며, 고주파 부분에서는 다중점 접지방식을 취한다. 이 접지방식은 앞의 두 가지의 장점을 살린 방식이라 할 수 있다.

참고문헌

[1] Floyd, Electronics Fundamentals, Third. Ed., Prentice Hall, Englewood Cliffs, New Jersey, 1995.

[2] S. Franco, Electric Circuits Fundamentals, Sunders College Publishing, Fort Worth Philadelphia, 1995.

[3] 박송배, 신회로이론, 문운당, 1998.

[4] 김채영, 정규범, 노의철, 최남선 역, 기초 전기전자공학개론, 영한출판사, 2001.

[5] Henry W. Ott, Noise Reduction Techniques in Electronic Systems, Second Ed., John Wiley & Sons, New York, 1988.

[6] A. P. Malvino, Electronic Principles, Sixth Ed., Glencoe McGraw-Hill, New York, 1999.

[7] http://www.dmsystem.co.kr/rb/?cat=7&m=shop&r=home&uid=90

[8] http://www.sanwa-korea.co.kr/goods

[9] C & C Instruments Co., Ltd., OSC - 1060 모델 매뉴얼, 2000.

[10] http://www.home.agilent.com/ko/pd-127539-pn-33220A/function-arbitrary-waveform-generator-20-mhz?nid=-536902257.536883183.00&cc=KR&lc=kor

[11] Wikipedia, the free encyclopedia

[12] 연규호, 전자.통신기초실험, 교우사, 1994.

[13] 기사문제연구회, 무선통신기사/산업기사, 도서출판 세화, 1999.

[14] 안병철 외 2인, 기초회로실험, 충북대학교출판사, 1999.

[15] 안재형, 김남, 박근형, 전자회로실험, 충북대학교 출판부, 1999.

[16] 이영희 외 3인, 대학 기초실험, 복두출판사, 1998.

[17] William H. Hayt, Jr., John A. Buck, Engineering Electromagnetics, Six Ed., McGraw Hill, Boston, 2001.

[18] 홍대형, 김기두, 송상섭, 윤동원, 은창수, 전태현, 공역, 통신이론, 5판, 제2장, McGraw-Hill Korea, 2010. 11

[19] http://en.wikipedia.org/wiki/Phasor

[20] 신윤기, 아날로그 및 디지털 통신이론, Chap. 1, 도서출판 인터비젼, 2002.

[21] 차동완, 정보통신세계, Chap. 1, 영지문화사, 2003.

[22] 주무홍, 공업수학, Chap. 1, 경문사, 1999.

[23] http://www.samsungcleanroom.co.kr/cr_files/반도체.html

[24] http://myungeon.x-y.net/study/machine/menual/generator/generator.htm

[25] http://wije.azionet.com/major/gen_chem/atom.htm

[26] 임석구, 홍경호, 디지털논리회로, 개정판, 한빛미디어, 제1장, 2011.

[27] ElectronicsLab, “12. Transformers, Impedance Matching and Maximum Power Transfer”, http://www.hunter.cuny.edu/physics/courses/physics222/ repository/files/pdf/ElectronicsLab12.pdf

[28] http://www.circuitstoday.com/schmitt-trigger-using-op-amp

[29] 네이버백과

[30] IT용어사전

[31] W. H. Hayt, Jr., J. A. Buck, *Engineering Electromagnetics*, McGraw-Hill, Boston, 2001.

[32] http://www.tmsinc.co.kr/application/data/osc-concept3-kor1.htm

[33] Franco, *Electronic Circuits Fundamentals*, International Ed., New York, 1995.

[34] C & C Instruments Co., Ltd., *OSC - 1060 모델 매뉴얼*, 2000.

[35] http://home.cmh.hs.kr/~choys/elec-4/el-1-21.htm

[36] http://electronic.new21.org/electronic/menual/osiloscope/osiloscope1. htm

[37] 최홍규, 송영주, 오정석, 최병숙, 접지설비 설계, Chap. 7, 성안당, 2012. 5

찾아보기

참고문헌

ㄹ

ㅁ

ㅂ

ㅅ

ㅇ

ㅈ

ㅊ

ㅋ

ㅌ

ㅍ

ㅎ

◇ 저자소개

정동규 우석대학교 전기전자공학과 교수

기초전기전자 회로실험 4판

2014년 8월 20일 초판 인쇄

2021년 2월 25일 4쇄 발행

저 자 정동규

발 행 인 송기수

발 행 처 도서출판 GS인터비전

편 집 처 도서출판 GS인터비전

인 쇄 처 대명프린팅

등록번호 제 25100-2016-000050 호

I S B N 979-11-5576-044-4(93560)

주 소 서울 은평구 증산로15길 69, 2층

전 화 02-976-7898, 02-3272-7898.

팩 스 02-6468-7898

홈페이지 gsintervision.co.kr

E-Mail gsinter7@gmail.com

정 가 15,000원